Agnes Hechtberger

Ernährung und Fertilität österreichischer Frauen

Betrachtung der Verzehrsgewohnheiten österreichischer Frauen hinsichtlich kritischer Nährstoffe für die Empfängnisbereitschaft

GRIN Verlag

Bibliografische Information der Deutschen Nationalbibliothek:

Die Deutsche Bibliothek verzeichnet diese Publikation in der Deutschen Nationalbibliografie; detaillierte bibliografische Daten sind im Internet über http://dnb.d-nb.de/ abrufbar.

Impressum:

Druck und Bindung: Books on Demand GmbH, Norderstedt Germany
ISBN: 978-3-640-49255-8

Dieses Buch bei GRIN:

http://www.grin.com/de/e-book/131387/ernaehrung-und-fertilitaet-oesterreichischer-frauen

AKADEMIE FÜR DEN DIÄTDIENST
UND ERNÄHRUNGSMEDIZINISCHEN BERATUNGSDIENST
AM ALLGEMEINEN KRANKENHAUS DER STADT WIEN

DIPLOMARBEIT

Ernährung und Fertilität österreichischer Frauen

Betrachtung der Verzehrsgewohnheiten österreichischer Frauen hinsichtlich kritischer Nährstoffe für die Empfängnisbereitschaft.

Verfasserin: **Agnes HECHTBERGER**

Wien, am 11.05.2009

Inhalt

Abbildungs- und Tabellenverzeichnis

Abbildungen

Tabellen

Einleitung

Immer mehr Paare im reproduktionsfähigen Alter leiden unter ungewollter Kinderlosigkeit. Da der Wunsch nach eigenen Kindern immer öfter erst in einem höheren Lebensalter auftritt, ist diese Tendenz steigend. Es gibt eine Vielzahl an Behandlungsmöglichkeiten für Personen, bei denen trotz Kinderwunsch eine Schwangerschaft ausbleibt. Bei einer solchen Therapie wird jedoch nicht immer auch die Ursache der Sterilität behandelt. Oft bleibt diese sogar unklar. Obwohl die gynäkologischen Behandlungsmethoden eines unerfüllten Kinderwunsches oft sehr aufwändig und kostspielig sind, ist der Erfolg nicht garantiert. Die Erfolgsquote der verschiedenen *In vitro-Fertilisations-Zentren* liegt zwischen 32 und 36 Prozent, wobei die gewünschte Schwangerschaft teils erst nach zwei, drei oder mehr Versuchen vorliegt. Dies ist zwar eine große Errungenschaft der medizinischen Wissenschaft und Forschung, für die restlichen zwei Drittel der behandelten Paare allerdings wenig zufrieden stellend. (Kern 2008, S.2ff)

Es stellt sich daher die Frage, ob es andere Behandlungsmethoden gibt, die alleine oder in Kombination mit medizinischen Verfahren die Reproduktionsfähigkeit verbessern können. Hier ist besonders die Änderung von Umwelt- und Lebensstilfaktoren von Interesse, also auch eine Optimierung der Ernährung. Viele Studien belegen, dass nicht nur ein idealer Gewichtsstatus und die optimale Körperzusammensetzung, sondern auch die Wahl der Energielieferanten, die Versorgung mit bestimmten Mikronährstoffen und Antioxidantien, sowie ein eingeschränkter Konsum von Koffein und Alkohol für die Fruchtbarkeit von Bedeutung sind. Obwohl auch die Ernährung des Mannes Einfluss auf die Fertilität hat, spielt dieser Faktor bei Frauen eine viel wichtigere Rolle, da sie auch körperlich dazu fähig sein müssen, ein Kind neun Monate auszutragen. Wie meine Recherche im Vorfeld dieser Arbeit ergab, wird in Österreich bei der Behandlung von Frauen mit Kinderwunsch oft nicht auf den Ernährungsstatus geachtet. In anderen Ländern – besonders den USA – findet sich dahingehend viel mehr Literatur. Auch in China, wo es großteils nur ein Kind pro Familie gibt, wird sehr auf die Ernährung und einen gesunden Lebensstil geachtet:

> „In China gilt die Zeit vor der Empfängnis als besonders wichtige Periode im Leben eines Paares und sowohl gesundes Verhalten als auch richtige Ernährung werden dabei berücksichtigt. Etwa 3-4 Monate vor der Zeugung sollen grundlegende Verbesserungen

des Verhaltens die Fruchtbarkeit gewährleisten und dem geplanten Kind Schutz bieten.“ (Hanreich 2006, S.34)

Auch in Österreich wäre eine Verbesserung des Ernährungszustands in vielerlei Hinsicht wünschenswert und – im Falle eines unerfüllten Kinderwunsches – eventuell auch hilfreich. Einen Hinweis dafür gibt auch eine Erhebung im Rahmen des österreichischen Ernährungsberichtes 2003, die ergab, dass 41 Prozent der befragten Schwangeren angaben, schon immer auf eine ausgewogene und bedarfsgerechte Ernährung geachtet zu haben. Bei der restlichen erwachsenen Bevölkerung ernährten sich nur 15 Prozent bewusst gemischt. (Österreichischer Ernährungsbericht 2003, S.59, 92)

Die vorliegende Arbeit hat die Intention, die anhand des österreichischen Ernährungsberichtes festgestellten Hauptfehler in der österreichischen Ernährung zu betrachten und etwaige Ernährungsprobleme, die Auswirkungen auf die weibliche Fertilität haben, aufzuzeigen und zu erläutern. Sie soll österreichischen Diätologen/innen als Beratungsgrundlage für dieses von der Diätetik noch kaum beachtete Thema zur Verfügung stehen.

1 Fertilität, Subfertilität, Sterilität und Infertilität

Die weibliche *Fertilität* bezeichnet die Fruchtbarkeit der Frau. Ab dem 30. Lebensjahr erfolgt eine natürliche Abnahme derselben. Dieser Zustand nennt sich *Subfertilität.* Die Chance, dass 38- bis 42-jährige Frauen in einem Zyklus, in dem sie zum richtigen Zeitpunkt Geschlechtsverkehr haben, spontan schwanger werden, beträgt nur etwa elf Prozent. Mit jüngerem Alter liegt der Prozentsatz bei 36. (Feingold 2001, S.8, König 1998, S.17, S.65)

Von *Sterilität* spricht man, wenn trotz regelmäßigen unverhüteten Sexualkontakts innerhalb von zwei Jahren keine Schwangerschaft eingetreten ist. Bei einem kürzeren unerfüllten Kinderwunsch handelt es sich um *Konzeptionsschwierigkeiten.* Allerdings wird in der Praxis vermehrt Abstand von dieser Zeitenregelung der WHO genommen, da bei Frauen unter 30 Jahren bereits nach einem Jahr ungewollter Kinderlosigkeit bei gleichzeitig ungeschütztem Geschlechtsverkehr diagnostische und therapeutische Schritte eingeleitet werden sollten. Es wird zwischen *primärer Sterilität* und *sekundärer Sterilität* unterschieden. Die primäre Form besteht dann, wenn die Frau bisher noch nie schwanger war. Die sekundäre Form bezeichnet, wenn bereits einmal oder mehrmals eine Schwangerschaft - unabhängig von deren Ende - vorgelegen hat, es aber während des entsprechenden Zeitraums von zwei Jahren zu keiner erneuten Empfängnis gekommen ist. (Kuchling 2002, S.21; Schirren 2003, S.4)

Der Begriff der *Infertilität* bezeichnet laut WHO die Unfähigkeit ein Kind auszutragen. Es bestehen folglich keine Probleme bei der Empfängnis, sondern beim Aufrechterhalten der Schwangerschaft. (Schirren 2003, S.5)

In der Literatur finden sich allerdings auch einige andere Definitionen dieser Termini, beziehungsweise werden die Begriffe *Sterilität* und *Infertilität* häufig synonym verwendet.

Die Fruchtbarkeit der Frau kann mit Hilfe des Fertilitätsgrades ausgedrückt werden. Bei diesem wird der Begriff *Sterilität* für das gänzliche Unvermögen ein Kind zu empfangen verwendet. Sterilität, wie sie zu Beginn dieses Kapitels beschrieben wurde, wird hier als Hypofertilität bezeichnet.

Der Fertilitätsgrad richtet sich nach der prozentuellen Wahrscheinlichkeit einer Schwangerschaft pro Zyklus:

50 % hyperfertil

25 % mittelmäßige Fertilität

10 % mittelmäßige Hypofertilität

1 % hochgradige Hypofertilität

0 % Sterilität

(Zech 2008, URL 1)

Im Folgenden wird der Begriff Sterilität gemäß der WHO-Definition verwendet.

1.1 Epidemiologie

10 bis 15 Prozent der Paare im reproduktionsfähigen Alter leiden unter einer ungewollten Kinderlosigkeit. Bei Paaren über 30 sind es sogar 20 Prozent. Da der Wunsch nach eigenen Kindern immer öfter erst in einem späteren Lebensalter auftritt, ist die Tendenz steigend. Mittlerweile wartet fast jede dritte Frau mit Kinderwunsch ein- oder mehrmals ein Jahr lang auf den Eintritt einer Schwangerschaft. (Stauber 2007, S.429; Zech 2008, URL 1; Wischmann 2003, S.23)

In Europa wird medizinischer Rat wegen Unfruchtbarkeit von etwa 14 Prozent der Personen in Anspruch genommen. Die Erfolgsquote der verschiedenen *In vitro-Fertilisations-Zentren* liegt zwischen 32 und 36 Prozent (siehe Abb. 1). In mehreren Fällen sind für den Erfolg mehrere Versuche notwendig (siehe Abb. 2). Laut der offiziellen Statistik des österreichischen Gesundheitsministeriums für das Jahr 2007 kam es bei 5.932 durchgeführten Versuchen zu 1.639 herbeigeführten Schwangerschaften. Die ausgetragenen Schwangerschaften bzw. die Schwangerschaftsabbrüche werden statistisch jedoch nicht lückenlos erfasst (siehe Abb. 3). Eine solche Behandlung ist folglich nicht immer erfolgreich und überdies sehr kostspielig. Die *American Fertility Association* verlautbarte 2005, dass nur fünf bis zehn Prozent der Patienten tatsächlich solch medizinische Behandlungen, wie eine In vitro-Fertilisation, benötigen. (American Fertility Association 2005, in: Groll 2006, S.2; Ebisch 2007, S.163; Haggarty 2006, S.1513; Kern 2008, S.2ff)

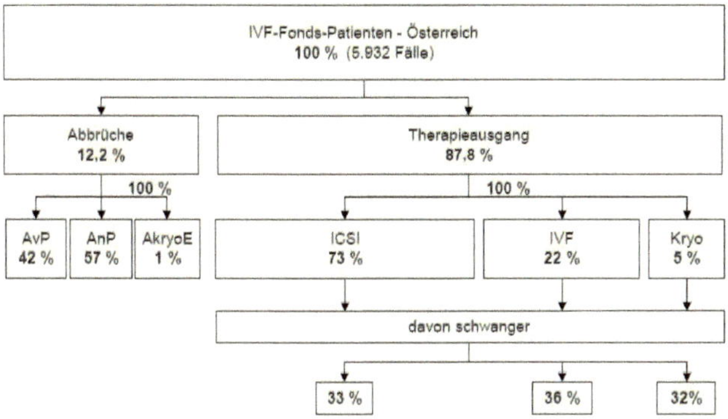

AvP = Abbruch vor Punktion, AnP = Abbruch nach Punktion, AkryoE = Abbruch eines Versuchs mit kryokonservierten Embryonen, ICSI = introzytoplasmatische Spermieninjektion, IVF = In-vitro-Fertilisation, Kryo = Transfer mit kryokonservierten Embryonen

Abb. 1: IVF-Fonds 2007 – Kurzstatistik IVF-Fonds-Patientenpaare – Gesamtösterreich

(Kern 2008, S.5)

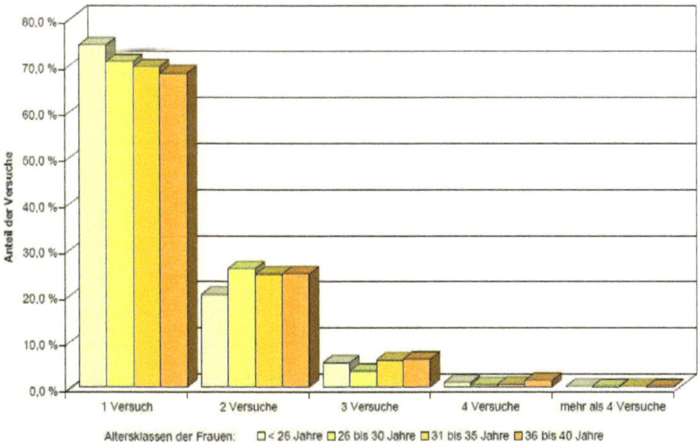

Abb. 2: IVF-Fonds 2007 – Prozentuale Verteilung der Versuchsanzahl je Altersklassen der Frauen

(Kern 2008, S.3)

KA	Schwanger-schaften	gemeldete Geburten	gemeldete vorzeitige SS-Abbrüche	Melderate Geburten bzw. SS-Abbrüche
öffentl. KA	427	324	45	86,4 %
private KA	1.212	590	100	56,9 %
2007 IVF-Fonds	1.639	914	145	64,6 %

Tab. 1: IVF-Fonds – Schwangerschaften 2007 und gemeldete Geburten

(Kern 2008, S.16)

1.2 Die Physiologie der weiblichen Fertilität

Die Fertilität wird innerhalb eines jeden weiblichen Zyklus durch die Ausschüttung unterschiedlich konzentrierter Hormone gesteuert. Für die Freisetzung dieser Botenstoffe ist das im Hypothalamus gebildete Gonadotropin releasing hormone (GnRH) verantwortlich. (Feingold 2001, S.22)

Die erste Hälfte des Zyklus nennt sich *Follikelphase*. In ihr bewirkt das GnRH die vermehrte Ausschüttung des follikelstimulierenden Hormons (FSH) aus der Hypophyse, wodurch etwa 20 Follikel heranwachsen, die verstärkt Östrogen produzieren. Ab einer gewissen Östrogenkonzentration wird FSH vermindert freigesetzt, wodurch sich im Normalfall nur noch ein Eibläschen zu einer befruchtungsfähigen Eizelle entwickeln kann. Das Östrogen bewirkt weiters, dass die Gebärmutterschleimhaut wächst und gut durchblutet wird und dass der Gebärmutterhals für Spermien durchlässig wird. Beim Übergang dieser Phase in die nächste, erfolgt – ebenfalls östrogenabhängig – die Ovulation sowie der Transport des Follikels durch den Eileiter. Nur zu diesem Zeitpunkt ist die Befruchtung der Eizelle möglich. (Feingold 2001, S.23; Thöne 1999, S.27ff)

Die zweite Hälfte des Zyklus ist die *Luteale Phase*, in der nun durch das GnRH der Hypophyse eine gesteigerte Freisetzung des luteinisierenden Hormons (LH) ausgelöst wird, welches gemeinsam mit dem Östrogen zum Eisprung führt. Um den geplatzten Follikel herum kommt es unter Einfluss von LH zu einer Vermehrung der Zellen und somit zur Entstehung des Gelbkörpers oder Corpus luteum, welcher das Schwangerschaftshormon Progesteron absondert. Dieses Hormon schafft im Uterus den geeigneten Nährboden für eine befruchtete Eizelle. Bleibt die Fertilisation aus, sinkt die Progesteronproduktion und die Schleimhaut der

Gebärmutter – das Endometrium – wird mit der Menstruation abgestoßen. Ein neuer Follikelreifungsprozess beginnt. (König 1998, S.22; Thöne 1999, S.29f)

Endorphine stimulieren den Hypothalamus, wodurch mehr GnRH und in weiterer Folge mehr FSH und LH produziert werden. Endorphine sind hormonähnliche Substanzen, welche unter anderem bei entspanntem Sexualverkehr ausgeschüttet werden. Der Einfluss dieser Substanzen kann gut bei Paaren beobachtet werden, die lange Zeit auf ein Kind warten, und erst dann wieder entspannten Geschlechtsverkehr haben, nachdem sie sich mit der Kinderlosigkeit abgefunden haben. Immer wieder finden sich solche Beispiele, bei denen eine Schwangerschaft genau dann entsteht, als die Hoffnung bereits aufgegeben wurde. (König 1998, S,26f)

1.3 Ursachen der Unfruchtbarkeit

Die Ursache für einen unerfüllten Kinderwunsch liegt zu etwa 30 bis 35 Prozent bei der Frau zu 30 bis 35 Prozent beim Mann und zu 30 bis 35 Prozent bei beiden Partnern. (Spitzer 2001, S.37)

Im Folgenden werden nur die Ursachen für Sterilität bei der Frau beschrieben.

1.3.1 Anatomische Anomalitäten

Unfruchtbarkeit kann aus angeborenen oder erworbenen Missbildungen entstehen. Geschlechtskrankheiten, Endometriose, Polypen, Myome, Infektionen, Abtreibungen und andere Umstände können zu einer veränderten Anatomie führen und die Empfängnis erschweren. (Groll 2006, S.169f)

Einengung der Eileiter

Die Tuben können durch Entzündungen verkleben oder durch operative Eingriffe vernarben und so verengt oder verschlossen sein. Ist dies der Fall, können die Spermien nicht zur Eizelle und die Eizelle nicht in die Gebärmutter gelangen. Es besteht die Gefahr einer Eileiterschwangerschaft. (Thöne 1999, S.49)

Endometriose

25 bis 50 Prozent der weiblichen Bevölkerung, die unter Unfruchtbarkeit leiden, haben Endometriose. Endometriose führt nicht zwangsweise zu Sterilität, es trifft allerdings auf etwa ein Drittel der betroffenen Frauen zu. (Feingold 2001, S.30; Shannon 2001, S.82)

Die Pathologie der Endometriose besteht darin, dass sich Gebärmutterschleimhaut auch außerhalb des Uterus ansiedelt. Das endometriale Gewebe bildet Zysten an den Ovarien, den Tuben oder anderen Teilen der Bauchhöhle. Da die Endometrioseherde hormonabhängig sind, verändern sie sich zyklisch und werden bei der Menstruation abgeblutet. Kann das Blut aus den Zysten nicht aus dem Körper gelangen, gerinnt es und dickt ein. Solche Regelblutungen sind oft von starken Unterbauch- und Kreuzschmerzen begleitet. Es gibt jedoch auch asymptomatische Verläufe einer Endometriose. (Feingold 2001, S.31; Thöne 1999, S.48)

Es wird angenommen, dass es sich bei Endometriose um eine Autoimmunerkrankung handelt, da das Immunsystem betroffener Frauen nachweislich unterdrückt ist. Auch genetische Faktoren könnten von Bedeutung für die Entstehung dieses Krankheitsbildes sein. Es gibt allerdings verschiedene Umstände, die zum Ausbruch dieser Erkrankung beitragen. Diese Faktoren sind industrielle Chemikalien, Dioxine, Radioaktivität und Stress, sowie eine Ernährung reich an tierischen Fetten und arm an Jod, essentiellen Fettsäuren und verschiedenen Vitaminen und Mineralstoffen. (Feingold 2001, S.31f)

Endometriose kann durch Entzündungen und Narben zu Sterilität führen, insbesondere wenn die Eileiter betroffen sind. Sie können verkleben, vernarben oder blockiert werden. Außerdem können blutgefüllte Zysten in den Eierstöcken das funktionstüchtige Gewebe verdrängen. (Shannon 2001, S.82; Thöne 1999, S.49)

Operative Eingriffe

Nach Unterleibsoperationen – auch außerhalb des Reproduktionstraktes – können sich vergleichsweise harmlose Erreger in den Tuben ausbreiten und zu Entzündungen oder Verwachsungen führen. Weiters können durch die Operation selbst die Reproduktionsorgane verletzt werden – zum Beispiel durch eine Curettage. Durch das entstandene Narbengewebe ist weniger Gewebe für die Funktionsausübung der Organe vorhanden. (Feingold 2001, S.35f; Thöne 1999, S.50)

1.3.2 Hormonelle Störungen

Mindestens 25 Prozent der infertilen Frauen leiden unter einer endokrinen Dysfunktion. Hormonstörungen können sich auf die Eireifung, den Eisprung und die Einnistung einer befruchteten Eizelle auswirken. Wenn FSH und LH unzureichend produziert werden, kann kein Follikel entstehen. Besteht ein Mangel an LH, kann die Eizelle nicht freigesetzt werden.

Für endokrine Störungen gibt es im Wesentlichen drei Ursachen:

1. Die Steuerung der Eierstöcke durch Hypothalamus und Hypophyse ist gestört.
2. Die Ovarien sind verändert und haben in Folge eine gestörte oder keine Hormonbildung.
3. Die Hormonproduktion der Eierstöcke ist durch ein Ungleichgewicht anderer endokriner Systeme (z.B.: Schilddrüse) gestört.

Mögliche Ursachen für eine endokrine Störung sind aber auch Essstörungen und Stress. (Feingold 2001, S.33; Thöne 1999, S.43)

Störung der hormonellen Schaltzentren

Wenn der Hypothalamus nicht genügend Releasinghormon bildet, fehlt der Hypophyse die Anregung, die Ovarien zu stimulieren. Die endokrine Regulation ist sehr empfindlich. Stress oder ungewohnte Belastungen können die Hormonausschüttung verändern, um die zusätzliche Belastung einer Schwangerschaft zu verhindern. Dies soll den Organismus in Krisen- oder Hungerzeiten schützen und tritt folglich bei Frauen ein, die an anorektischen Erkrankungen leiden, Leistungssport betreiben oder sich radikalen Diäten unterziehen. (Thöne 1999, S.44)

Störung der Ovarien

Eine mögliche Ursache für Sterilität ist der vorzeitige Eintritt des Klimakteriums, zum Beispiel durch Strahlen- oder Chemotherapie. Die Östrogen- und Progesteronwerte sind in den Wechseljahren zu niedrig, um eine Eizelle heranreifen zu lassen. (Thöne 1999, S.44)

Eine weitere Möglichkeit ist eine verminderte Bildung des Gelbkörperhormons in den Ovarien. Bei einer Lutealinsuffizienz wird nicht genug Progesteron gebildet, welches zur Erhaltung der Schwangerschaft notwendig ist. (Thöne 1999, S.45)

Hyperandrogenämie

Erkrankungen, bei denen eine Hyperandrogenämie besteht, stören den hormonellen Regelkreis der Frau empfindlich und gehen mit unangenehmen Begleiterscheinungen, wie zum Beispiel verstärkter Körperbehaarung, einher. Ein Überschuss an Androgenen besteht zum Beispiel beim polyzystischen Ovarsyndrom. (Thöne 1999, S.45)

Polyzystisches Ovarsyndrom

Das Polyzystische Ovarsyndrom (PCOS) ist eine chronische Erkrankung mit Zystenbildung in den Eierstöcken. Es besteht ein Überschuss an Testosteron, wodurch in der ersten Zyklushälfte zuviel LH und zuwenig FSH produziert werden und die Reifung der Follikel gehemmt wird. Symptome des PCOS sind verlängerte Zyklen und Oligomenorrhoe, sowie eine verstärkte Körperbehaarung. Meist sind die Betroffenen übergewichtig. (Feingold 2001, S.34; Thöne 1999, S.46)

Eine Ursache für PCOS ist eine Insulinresistenz. Ein hoher Insulinwert kann zum Ansteigen des LH-Spiegels beitragen und ebenso direkt negativ auf die Follikel wirken. (Shannon 2001, S.152)

Hyperprolaktinämie

Prolaktin ist ein milchbildendes Hormon, das während der Stillzeit ausgeschüttet wird, um eine weitere Schwangerschaft in dieser energetisch fordernden Zeit zu verhindern. Auch Stresssituationen, Hypothyreose und die Einnahme bestimmter Medikamente können zu einer Hyperprolaktinämie führen, wodurch eine Konzeption erschwert wird. (Ludwig 2005, S.31; Thöne 1999, S.46)

Störungen der Schilddrüsenhormone

Die Schilddrüse bildet die Transportproteine für die Geschlechtshormone. Eine Hypothyreose beeinträchtigt durch einen Mangel an diesem Transporteiweiß die Fertilität. Aber auch eine Hyperthyreose kann sich negativ auf die Fruchtbarkeit auswirken, da Sexualhormone nur in freier Form wirken können und bei einem Überschuss an Transportproteinen zu wenig freie Geschlechtshormone vorhanden sind. (Thöne 1999, S.47)

Hormonelle Kontrazeptiva

Nach dem Absetzen von hormonellen Verhütungsmitteln braucht der Organismus Zeit, um in seinen normalen endokrinen Rhythmus zurückzufinden. Außerdem kann die Verwendung von hormonellen Kontrazeptiva zu einem Mangel an bestimmten Mikronährstoffen führen und so zu Fertilitätsproblemen führen. (Feingold 2001, S.38)

1.3.3 Sonstige Ursachen

Neben einigen seltenen Auslösern für Unfruchtbarkeit bleibt ein wesentlicher Anteil an Sterilität von ungeklärter Ursache. In etwa fünf bis zehn Prozent der Fälle wird von einer idiopathischen Sterilität gesprochen. (Spitzer 2001, S.37)

Sexuell übertragbare Erkrankungen

Sexuell übertragbare Erkrankungen, besonders Chlamydia und Gonorrhea, können zu Entzündungen in der gesamten Bauchhöhle führen und so auch Uterus, Ovarien, Tuben und Vagina betreffen. Diese bakteriellen Entzündungen können sehr schmerzhaft sein, aber auch beinahe unbemerkt verlaufen, wobei die Gefahr besteht, dass die Inflammation chronisch wird. (Feingold 2001, S.33f; Thöne 1999, S.49f)

Immunologische Sterilität

Bei der immunologischen Unfruchtbarkeit differenziert das weibliche Immunsystem nicht zwischen Spermien und viralen oder bakteriellen Erregern. Körperfremde Substanzen werden gleichermaßen bekämpft, so dass die Spermien abgetötet werden, bevor sie die Eizelle erreichen. (Feingold 2001, S.38)

1.4 Behandlungsmethoden

Es gibt verschiedene medizinische Möglichkeiten, um die Entstehung einer Schwangerschaft zu begünstigen oder zu initiieren. Diese sind oft mit hohen Kosten verbunden, nicht immer erfolgreich und ethisch teilweise bedenklich. (Prat 2006, S.3f)

Eine alternative Behandlungsmethode, die an der kritischen Betrachtung des Lebensstils und dessen Optimierung ansetzt, wäre folglich wünschenswert – sei es als alleinige oder auch als begleitende Therapiemaßnahme. Obwohl es vereinzelt Literatur zu *Fruchtbarkeitsdiäten* gibt und auch die Wissenschaft viel Forschung betreibt, bleibt diese Art der Behandlung – bei der die Ernährung eine wichtige Rolle spielt – noch weitgehend ungenutzt. Der Arzt Dr. David Feingold und die Biologin Deborah Gordon machen die Bedeutung einer solchen Behandlung folgendermaßen deutlich:

> „Every aspect of human health is impacted by what we eat, and fertility is no exception." (Feingold 2001, S.12)

1.4.1 Operative Eingriffe

Verklebungen und Verwachsungen in den Reproduktionsorganen können operativ behoben werden. Nicht immer kann damit die Fertilität wiederhergestellt werden. (Croon 2004, S.224)

1.4.2 Ovulationsinduktion

Die medikamentöse Induktion des Eisprungs kann Frauen helfen, deren Fortpflanzungsorgane gesund sind, die aber eine zu geringe oder schwankende Produktion von FSH oder LH haben. Eine Ovulationsinduktion kann auch bei Frauen mit PCOS oder Lutealinsuffizienz helfen. (West 2004, S.150)

1.4.3 Intrauterine Insemination

Bei der intrauterinen Insemination wird das Sperma aufbereitet, um eine höhere Konzentration funktionstüchtiger Samenzellen zu erreichen, und nach dem Eisprung mittels Katheter direkt in die Gebärmutter injiziert. Diese Form der künstlichen Befruchtung kann bei abnormalem Zervixschleim, hohem FSH-Spiegel, Endometriose oder Sterilität ungeklärter Ursache helfen. Die Erfolgsrate liegt bei etwa zehn Prozent je Zyklus. (Croon 2004, S.232; West 2004, S.152f)

1.4.4 In vitro-Fertilisation

Die Eizelle wird im Labor befruchtet und anschließend in den Uterus eingesetzt, welcher durch Hormonbehandlung darauf vorbereitet wurde, einen Embryo aufzunehmen. Nur maximal ein Viertel der Versuche führt tatsächlich zu einer Schwangerschaft, wovon wiederum nur die Hälfte mit einer Lebendgeburt endet. (West 2004, S.154, Kern 2008, S.5, 16)

2 Energieversorgung

Etwa ein Viertel der österreichischen Frauen im gebärfähigen Alter ist übergewichtig, beinahe sieben Prozent sind untergewichtig. Dazu soll angemerkt werden, dass Selbstangaben oftmals von entsprechenden Messungen abweichen. Untergewichtige überschätzen und Übergewichtige unterschätzen ihr Gewicht oft. Es ist daher davon auszugehen, dass die Werte in Österreich noch etwas höher liegen. (Österreichischer Ernährungsbericht 2003, S.14)

	Untergewicht	Normalgewicht	Übergewicht	Adipositas
BMI	<18,5	18,5 bis <25	25 bis <30	30 und >30
Frauen in Prozent	6,7	68,3	18,1	7,1

Tab. 2: Gewichtsstatus der österreichischen Frauen zwischen 15 und 45 Jahren
(STATISTIK AUSTRIA Gesundheitsbefragung 2006/07, URL 2)

Die Fruchtbarkeit wird hochgradig von verschiedenen Umweltfaktoren – inklusive der Nahrungsaufnahme und des Essverhaltens – beeinflusst. Immerhin 17 Prozent der unfruchtbaren Frauen leiden unter einer Essstörung, was bestätigt, dass von allen Ernährungsproblemen Essstörungen und Unter- sowie Übergewicht diejenigen sind, die am ehesten zu einer Störung der Reproduktion führen. So ist eine einer ausgeglichenen Energiebilanz entsprechende Kalorienzufuhr zum Beispiel für eine normale pubertäre Entwicklung und das Einsetzen der Menstruation und des Eisprungs notwendig, denn die Kontrolle der weiblichen Geschlechtshormone durch das Gehirn ist hochempfindlich auf die Effekte der Ernährung. Während der Adoleszenz kommt es zu einer Veränderung der Bildung und Verteilung von Fett – unter anderem zu einem Anstieg des abdominellen Fettgewebes, welches assoziiert wird mit einer steigenden Insulinresistenz und einem kompensatorischen Anstieg der Insulinsekretion. Diese physiologische Erhöhung des Insulinspiegels resultiert in einer Reduktion der geschlechtshormonbindenden Transportglobuline, was in weiterer Folge zu einem vermehrten Auftreten von freien Östrogenen und Androgenen führt. Dadurch wiederum werden die Effekte dieser Hormone verstärkt und die Maturation (Reifung) wird erleichtert. (Croon 2005, S. 62f; Feingold 2001, S.117; Sharpe 2002, S.33, S.36; ESHRE 2006, S.203)

Eine bedarfsdeckende Energiezufuhr ist jedoch nicht der einzige Faktor, auf den bei der Behandlung eines unerfüllten Kinderwunsches geachtet werden sollte, denn die Kalorien müssen auch für die Oxidation verfügbar sein. Diabetische Tiere zum Beispiel sind nicht nur hyperphagisch und hyperglykämisch, sondern auch beinahe immer steril. Bei unbehandeltem Diabetes sind sowohl die Ovulation als auch das weibliche Sexualverhalten unterdrückt, denn obwohl viele Kalorien im Blut zirkulieren, ist die Glukose nicht für die Oxidation verfügbar. Unfruchtbarkeit ist nicht ungewöhnlich bei übergewichtigen Frauen, denn Energiespeicher sind als Unterstützung für die Reproduktion nur so weit nützlich, soweit sie mobilisiert und oxidiert werden können. Studien, bei denen die Oxidation von Fettsäuren und Glukose mit pharmakologischen Mitteln unterdrückt wurde, zeigten, dass trotz positiver Energiezufuhr, ausreichender Energiespeicher und hohen Glukosewerten im Blut, die LH-Freisetzung und das Sexualverhalten unterdrückt wurden. Grundsätzlich ist die Bedeutung der Oxidation von Fettsäuren für die Kontrolle der LH-Sekretion noch unerforscht. Für gewöhnlich wird angenommen, dass die LH-Sekretion nur durch die Verfügbarkeit von Glukose beeinflusst wird. (Wade 2004, S.1279f)

Die physiologischen Kontrollmechanismen der Reproduktion hängen mit denen für Appetit und Ernährung zusammen, da die Reproduktion den Energiebedarf erhöht. So ist es zum Beispiel denkbar, dass eine erhöhte Cholecystokininsekretion das Reproduktionssystem stimuliert, indem es das Nervensystem über die zusätzlich verfügbaren Kalorien informiert. (ESHRE 2006, S.194; Wade 2004, S.1282)

Von Mircea et al. (2007) werden folgende Hypothesen zur Erklärung der Korrelation zwischen Energiebilanz und Reproduktion genannt:

Die *Metabolic Fuel Hypothese*

Für den Zusammenhang zwischen Energiebilanz und Reproduktion ist nicht nur die äußere Energiezufuhr wichtig, sondern auch die Verfügbarkeit innerer Energiespeicher. Die *Metabolic Fuel Hypothese* nimmt an, dass Änderungen hinsichtlich der oxidierbaren Brennstoffe (Glukose, freie Fettsäuren, Ketonkörper) und/oder in weiterer Folge deren Oxidationsprodukte (z.B.: ATP) die primäre sensorische Stimulation darstellen, auf welche das Reproduktionssystem reagiert. Der am meisten überzeugende Beleg hierfür kommt aus der Beobachtung, dass das Reproduktionssystem fähig ist, auf kurzfristige – sogar minutiöse – Änderungen der metabolischen Brennstoffoxidation zu reagieren. Wird die Oxidation von Glukose oder langkettigen Fettsäuren limitiert, wird die Gonadotropinsekretion stark eingeschränkt. Dies belegt eindeutig, dass die Verfügbarkeit von metabolischem Brennstoff und nicht die Tatsache, dass ein Energiespeicher besteht, essentiell für die Reproduktion ist. (Mircea 2007, S.888)

Die *Critical Fat Hypothese*

Die *Critical Fat Hypothese* wurde vor über 35 Jahren von der Epidemiologin Rose Frisch aufgestellt. Sie beobachtete, dass schwerere Mädchen früher in die Menarche kamen, als dünne Mädchen und dass ein geringerer Körperfettanteil signifikant mit Amenorrhoe korreliert. Sie nahm daraufhin an, dass eine bestimmte Menge an Fett notwendig für das Einsetzen der Pubertät sei. Diese Hypothese legt nahe, dass der Effekt des Fettgewebes auf die Östrogenproduktion, den Stoffwechsel und die steroidhormonbindenden Globuline einen wichtigen Beitrag zum Zusammenspiel von Hypothalamus, Hypophyse und Ovarien leistet. Frischs Studien suggerierten, dass Ammenorrhoe dann auftritt, wenn Frauen zehn bis 15 Prozent des normalen BMI-Wertes abnahmen. Mit der Zeit wurde deutlich, dass diese Assoziation zwischen Körperfett und Fertilität nicht absolut stimmt und dass das Verhältnis auch nicht linear ist. Darüber hinaus tritt eine Amenorrhoe alarmierend oft auch bei übergewichtigen Frauen auf. Die Wirkung von Östrogen kann folglich nicht die einzige Determinante im Reproduktionsstatus darstellen. Dennoch bleibt Fett ein wichtiger Regulator desselben, was durch die Entdeckung einer ansteigenden Nummer von fettabhängigen Hormonen, den so genannten Adipokinen, immer weiter erforscht wird. (Mircea 2007, S.891)

2.1 Einfluss des Ernährungszustands auf die Reproduktionsfähigkeit

Die Veränderungen im Organismus durch einen schlechten Ernährungszustand beeinflussen die Reproduktionsfunktion auf vielfältige Weise. Im Folgenden werden einige Hormone und Peptide und ihre Auswirkungen auf die Fertilität genauer beschrieben.

2.1.1 Leptin

Leptin – ein Produkt des Fettgewebes – steigt proportional zum Körperfettanteil. Durch Essensaufnahme wird die Leptinproduktion stimuliert, während Fasten sie unterdrückt. Leptin verändert den Appetit und den Energieverbrauch, indem es mehrere hypothalamische Neuropeptidsysteme beeinflusst. Es unterdrückt zum Beispiel die Neuronen, die die Essensaufnahme und die Energiespeicherung anregen. In denjenigen Gegenden des Gehirns, die für die Regulation von Appetit und Energieverbrauch zuständig sind, finden sich folglich verstärkt Leptinrezeptoren. Weiters wurden Leptinrezeptoren auch an den Ovarien gefunden. Mittlerweile gibt es ausreichend Evidenz für die Bedeutung von Leptin für die Reproduktion. Ein Leptinmangel kann sogar bis hin zu einer Sterilität führen. Der positive Effekt einer Leptinbehandlung auf die Reproduktion ist schwer zu interpretieren, da Leptin sowohl zentral, als auch peripher wirken kann, um die Fettsäuren und die Glukose verstärkt für die Oxidation verfügbar zu machen. Eine ernährungsmedizinische Behandlung zur Gewichtszunahme resultiert grundsätzlich in einem höheren Leptinspiegel, welcher positiv korreliert mit dem zirkulierenden LH und FSH. Dies impliziert, dass eine Erhöhung des Leptinspiegel bei Frauen, die eine ernährungsbedingte Amenorrhea haben, von einer Erhöhung des Körperfettanteils abhängt. (Mircea 2007, S.891; Sharpe 2002, S.36; Wade 2004, S.1283)

2.1.2 Insulin

Die Verfügbarkeit von Glukose ist notwendig für die GnRH-Sekretion. Experimente, die darauf abzielten die Effekte des Insulins von denen der Glukoseverfügbarkeit abzugrenzen, suggerierten, dass Insulin in einem gesunden Organismus keinen signifikanten Einfluss auf das Reproduktionssystem hat. Darüber hinaus blieb die Gonadotropin-Antwort auf GnRH bei Gabe einer Insulininfusion unverändert.

In ernährungsbedingter Amenorrhea sowie in übergewichtsassoziierter Sterilität ist die Insulin-Glukose-Homöostase jedoch verändert. Bei untergewichtigen Frauen zeigen sich niedrige Glukose- und Insulinspiegel. Nach Erholung von dem Hungerzustand kommt es zu erhöhten Insulinwerten und einer erhöhten Insulinsensitivität. Bei übergewichtigen Frauen und Frauen mit PCOS ist das Ausbleiben des Eisprungs mit Hyperinsulinämie und Insulinresistenz verbunden. Interessanterweise zeigt sich auch bei schlanken Frauen mit PCOS und bei Patientinnen mit Lipodystrophie (abnormaler Fettgewebsschwund) eine

Anovulation begleitet von einer gestörten Insulinsensitivität. Alles in allem scheint es so, dass Insulin an sich die Reproduktion eher durch langzeitige Änderungen der Insulinsensitivität als durch die momentane Insulinsekretion beeinflusst. (Mircea 2007, S.892)

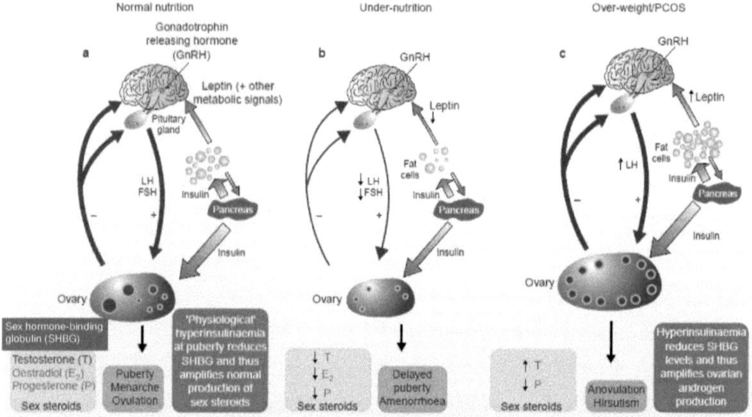

Abb. 3: Ernährung und Reproduktion verbindende endokrine Mechanismen

a Eie normaler Ernährungszustand führt zu einer ausreichenden Leptinausschüttung durch die Fettzellen und eine entsprechende Insulinfreisetzung. Es besteht eine normale Ovarienfunktion.

b Bei Unterernährung ist die Leptinausschüttung und in weiterer Folge die LH- und FSH-Freisetzung zu gering, um eine normale Ovarienfunktion aufrecht zu erhalten.

c Bei Übergewicht und PCOS kommt es zu erhöhten Leptin- und Insulinspiegeln, wodurch LH ansteigt. Die Follikel reifen, es kommt durch einen Progesteronmangel jedoch kaum zu einer Ovulation. Durch das Insulin wird die Testosteronbildung der Ovarien verstärkt.

(Sharpe 2002, S.37)

2.1.3 Steroide

Stress – inklusive Hungerzustände – führt zu einer erhöhten metabolischen Forderung, wodurch Glukokortikoide und Katecholamine aus der Nebenniere sezerniert werden, um Energiespeicher effizient zu mobilisieren und die hepatische Glykogenolyse und Glukoneogenese zu fördern. Auch Krankheitszustände und ernährungsbedingte Amenorrhea werden durch Hypercortisolismus – und in weiterer Folge reduzierter GnRH-Sekretion – begleitet. Die auf eine Ernährungsbehandlung folgende Normalisierung des Zyklus geht mit einer Normalisierung der Cortisolsekretion einher. (Mircea 2007, S.892)

2.1.4 Ghrelin

Ghrelin ist ein Peptid, welches von den endokrinen Zellen des Magens während einer negativen Energiebilanz synthetisiert und freigesetzt wird. Die Aktivierung der Ghrelinrezeptoren im Hypothalamus stimuliert die Energiezufuhr und hemmt den Energieverbrauch. In Studien mit weiblichen Ratten unterdrückte eine zentrale Verabreichung von Ghrelin die LH-Sekretion in verschiedenen Stadien des Zyklus. Auch in vitro in hypothalamischen Explantaten unterdrückte Ghrelin die GnRH-Sekretion. Über den Effekt des Peptids auf die Reproduktion des Menschen ist weniger bekannt. Bei untergewichtigen Frauen mit Anovulation ist der Ghrelinspiegel erhöht, bei normalgewichtigen Frauen mit Amenorrhea sind hohe Ghrelinspiegel mit einem abnormalen Ernährungsverhalten verbunden. (Mircea 2007, S.892)

2.1.5 Neuropeptid Y

Das Neuropeptid Y ist ein appetitsteigerndes Peptid, das im Hypothalamus gebildet wird. Die Sekretion – die mit einer Unterdrückung der GnRH-LH-Sekretion einhergeht – steigt bei metabolischen Problemen, wie etwa bei Hungerzuständen. Außer bei untergewichtigen Frauen, findet sich ein erhöhter Neuropeptid Y-Spiegel auch bei Frauen mit PCOS, unabhängig ihres Gewichtes. (Mircea 2007, S.893)

2.2 Untergewicht

„Bei den !Kung San, dem Jäger- und Sammelvolk in der Kalahari-Wüste im Südwesten Afrikas, werden neun Monate nach der Regenzeit die meisten Kinder geboren. In der Regenzeit gibt es mehr Nahrung als im Winter und alle sind im Schnitt einige Kilo schwerer. Das macht die Frauen fruchtbarer." (Croon 2005, S.60)

Im Leben eines jeden weiblichen Säugetieres ist der Zeitraum zwischen Konzeption und Geburt bzw. Aufzucht der Nachkommen der größte energetische Aufwand. In Zeiten einer schlechten kalorischen Versorgung versucht der Körper folglich die Möglichkeit einer Empfängnis zu vermeiden und die Energie für die Vorgänge des unmittelbaren Überlebens zu nutzen. Dies zeigt sich bei kalorisch mangelernährten Jugendlichen durch ein verspätetes

Eintreten der Pubertät und bei unterernährten erwachsenen Frauen durch das Ausbleiben der Eireifung und einen verminderten Sexualtrieb. Dies geschieht durch die Unterdrückung der hypothalamischen Sekretion von GnRH, was sich wiederum hemmend auf die Freisetzung aller weiteren für die Reproduktion notwendigen Hormone auswirkt. Verantwortlich dafür sind unter anderem die Hormone Leptin – welches bei untergewichtigen Frauen nur in geringen Mengen vorhanden ist – und das zu Notzeiten vermehrt gebildete Prolaktin. Nach Beendigung der Hungerperioden erfolgt eine Wiederaufnahme der Gonadotropinsekretion – direkt proportional zu der wieder zugeführten Essensmenge. (König 1998, S.73; Mircea 2007, S.887, S.891; Sharpe 2002, S.36; Wade 2004, S.1277f)

Nicht nur eine momentan geringe Energiezufuhr, sondern auch ein zu niedriger Körperfettanteil ist hinderlich für die Fruchtbarkeit der Frau. Dies lässt sich durch die endokrine Funktion der Adipozyten erklären. Obwohl normalerweise der größte Teil der Östrogene in den Ovarien hergestellt wird, stellen die Fettzellen zum Beispiel in der Zeit vor dem Eisprung bis zu 80 Prozent des gesamten Östrogens her. (Croon 2005, S.63; König 1998, S.72)

Ein niedriger Körperfettanteil findet sich besonders bei Frauen mit anorektischen Erkrankungen. Mehr als 50 Prozent dieser Frauen weisen Zyklusstörungen auf, weswegen eine anhaltende Amenorrhoe sogar ein wichtiges Diagnostikkriterium einer solchen Essstörung darstellt. Die Prävalenz von Bulimia nervosa und Anorexia nervosa liegt bei cirka fünf Prozent der Frauen im gebärfähigen Alter. Nach einer Normalisierung des Körpergewichtes und des Körperfettanteils – für ein normales Ovulationsverhalten sind mindestens 17 bis 22 Prozent Fett notwendig – ist die Amenorrhoe in den meisten Fällen reversibel. (Groll 2006, S.4; Keck 2002, S.34; Wade 2004, S.1278; ESHRE 2006, S.204)

Aber nicht nur Frauen mit einer Essstörung, sondern auch sehr sportliche Frauen, insbesondere Spitzensportlerinnen, sowie Frauen, die ins Militär eintreten, leiden häufig in Folge des harten Trainings an Amenorrhoe. Es ist erwiesen, dass die Zyklusstörungen bei athletischen Frauen kaum aus dem Stress des Trainings resultieren, sondern ihre Ursache hauptsächlich in der unzureichenden Deckung des erhöhten Energieaufwandes haben. (Mircea 2007, S.895; Wade 2004, S.1279)

Insgesamt kann gesagt werden, dass von den vielen Umweltfaktoren, die die Reproduktion von Säugetieren beeinflussen können, der Verfügbarkeit von Essen die größte Rolle zugesprochen werden muss. (Mircea 2007, S.887)

2.3 Übergewicht

Stein und Leventhal (1934) waren die ersten, die den Zusammenhang zwischen Übergewicht und Reproduktionsstörungen feststellten. Sie beschrieben ein Syndrom, das heutzutage als *Syndrome O* bekannt ist: „overnourishment, overproduction of insulin, Ovarian confusion and ovulation disruption“ (ESHRE 2006, S.200) Auf Deutsch heißt dies, dass dieses Syndrom mit Überernährung, Hyperinsulinämie, ovariale Irritation und Ovulationsstörungen einhergeht.

Das starke Ansteigen von Übergewicht und Adipositas in den meisten westlichen Kulturen führt auch zu einem vermehrten Auftreten solcher Fertilitätsprobleme. Eine Studie der Universität von Washington fand heraus, dass Frauen, die 20 oder mehr Prozent über ihrem Idealgewicht lagen, beinahe fünf Mal so oft Schwierigkeiten hatten, schwanger zu werden als weniger übergewichtige Frauen. (Feingold 2001, S.116; Sharpe 2002, S.33)

Übergewicht ist besonders durch die endokrine Funktion des Fettgewebes ein deutlich einflussnehmender Faktor im Rahmen der Kinderwunschbehandlung. Es kann zum Beispiel zu einem erhöhten Östrogenspiegel führen und den Eisprung verhindern, da Fettzellen Östrogen ausschütten, was die Funktion der Hirnanhangdrüse unterdrückt und somit die Ausschüttung von FSH beeinträchtigt. (Ludwig 2005, S.114; West 2004, S.29)

Das Übergewicht an sich beeinflusst die Fruchtbarkeit schon negativ, doch in Interaktion mit PCOS und abdomineller Adipositas ist die Beeinträchtigung der Fertilität nochmals erhöht. Auch eine Leptinresistenz und Hyperleptinämie sind assoziiert mit Übergewicht und könnten einen Faktor bei der Entwicklung einer Insulinresistenz und einer gestörten Ovarienfunktion darstellen. (Mircea 2007, S.895; Sharpe 2002, S.36f)

Übergewichtige Frauen benötigen folglich öfter medizinische Hilfe, um eine Schwangerschaft zu erreichen. Doch selbst durch eine Behandlung mit in vitro-Fertilisations-Programmen zeigte sich bei übergewichtigen Frauen eine viel geringere Schwangerschaftsrate, als bei normalgewichtigen Frauen. Außerdem sind Schwangerschaften von übergewichtigen Frauen oft problematisch und gehen verstärkt mit Schwangerschaftskomplikationen, Missbildungen und Fehlgeburten einher. Aus diesen Gründen sollte schon vor Einleitung reproduktionsmedizinischer Maßnahmen eine Gewichtsreduktion angestrebt werden. Balen et al. (2006) schlugen vor, dass adipösen Patientinnen mit PCOS eine Behandlung jeglicher Art mit dem Ziel die Ovulationsrate zu erhöhen und eine Schwangerschaft zu erlangen, verweigert werden sollte, bis sie ihren BMI auf 35 kg/m² reduziert haben. Oft kann ohnehin bereits durch die Gewichtsreduktion allein jegliche Kinderwunschtherapie aktiver Art überflüssig werden. (Keck 2002, Ludwig 2005, S.115; S.34; Mircea 2007, S.895; Nelson 2007, S.914; ESHRE 2006, S.200)

Es gibt einige Studien, die den Erfolg eines Gewichtsverlustes auf den Kinderwunsch darstellen.

Hollmann et al. (1996) erfassten Daten von 35 Frauen, die sich über einen Zeitraum von 32 Wochen einem Gewichtsreduktionsprogramm unterzogen. Schon bei einem Gewichtsverlust von unter zehn Prozent des ursprünglichen Körpergewichts wurde eine Verbesserung des Zyklus in 80 Prozent und eine Schwangerschaft in 29 Prozent der Frauen dokumentiert. Der Gewichtsverlust resultierte in einer verbesserten Insulinsensitivität und einer gesteigerten Ovulationshäufigkeit. (Nelson 2007, S.914)

Eine andere Studie – von Clark et al. (1998) durchgeführt – begleitete Kinderwunschpatientinnen mit einem BMI von mindestens 30 kg/m² und mindestens zwei Jahren unerfülltem Kinderwunsch bei einem Gewichtsreduktionsprogramm. Das Programm umfasste sowohl Ernährungsmaßnahmen als auch körperliche Betätigung jeweils drei Stunden pro Woche über sechs Monate. 87 Patientinnen nahmen teil, wovon 20 aufgrund eines Motivationsdefizits oder aus einem anderen Grund vorzeitig ausschieden. Frauen, die bereits länger wegen ihres Kinderwunsches behandeln wurden, waren motivierter an dem Programm teilzunehmen. Es zeigte sich ein signifikanter Effekt sowohl auf den BMI als auch auf das Körpergewicht (siehe Tab. 2). In 90 Prozent der Fälle kam es zur Ovulation und in beinahe 80 Prozent der Fälle zur Schwangerschaft, obwohl in dieser Zeit keine andere Kinderwunschbehandlung durchgeführt wurde. (Ludwig 2005, S.115f)

Ähnlich positive Ergebnisse einer Gewichtsreduktion zeigten sich auch bei Patientinnen mit PCOS (Housermann et al. 2003; Huber-Buchholz et al. 1999).

	Komplettiert (n = 67)	„Drop-out" (n = 20)
Alter (Jahre)	31,6 ± 4,9	32,8 ± 5,0
BMI (kg/m²)	37,4 ± 6,9	35,9 ± 4,1
Dauer Kinderwunsch (Jahre)	5,4 ± 2,5	6,2 ± 2,4
Vorangehende Behandlung (Zyklen)	3,7 ± 1,2	1,0 ± 0,5
Anovulatorisch (%)	81	75
Änderung BMI (kg/m²)	3,7 ± 1,6	0,4 ± 1,4
Änderung Körpergewicht (kg)	10,2 ± 4,3	1,2 ± 3,6
Spontane Ovulation (%)	90	0
Schwanger (%)	77,6	0
Lebendgeburt (%)	67	0

Tab. 3: Darstellung der Studie Clarks et al.
(Ludwig 2005, S.116)

Die beschriebenen Studien zeigen, dass bereits eine geringe Gewichtsreduktion deutlich positive Folgen aufweist. Das lässt darauf schließen, dass eine ausgeglichene Energiebilanz ein wichtigerer Faktor als der absolute Gewichtsverlust ist. (ESHRE 2006, S.194)

Grundsätzlich sollte eine Gewichtsabnahme bereits einige Zeit vor der Konzeption erfolgen, da beim Fettabbau Schadstoffe frei werden. Bei Kindern von Frauen, die während einer Gewichtsreduktion schwanger wurden, zeigte sich ein gehäuftes Auftreten von Neuralrohrdefekten. (Teratology Society 2006, S.75)

3 Makronährstoffe

3.1 Eiweiß

Ein niedriger Proteinspiegel und das Fehlen von bestimmten Aminosäuren führen zu einer verminderten Produktion seitens der Ovarien und zu einer verlangsamten Synthese der DNS, was mit hoher Wahrscheinlichkeit zu einer Fehlgeburt führt. Es wurde herausgefunden, dass die Proteinaufnahme im Zeitraum vor der Ovulation entscheidend ist. Eine Studie, die 200 Probanden aus verschiedenen Schichten umfasste, zeigte, dass Frauen, die bis zum Ende des ersten Zyklusdrittels 75 g Protein täglich zu sich nahmen, Babys mit einem Gewicht zwischen 3,5 kg und 4,5 kg bekamen, während die Babys der Frauen mit der geringeren Proteinaufnahme weniger als 2,5 kg wogen. (West 2004, S.36f)

Österreichische Erwachsene führen im Mittel cirka 1,2 g Protein pro kg Körpergewicht und Tag zu sich. Damit liegt die Proteinzufuhr etwa 50 Prozent über den Empfehlungen von 0,8 g. Bezogen auf die Gesamtenergiezufuhr lag der Proteinanteil jedoch bei etwa 15 Prozent und ist somit noch im Bereich der Richtwerte. Leider ist die Qualität des zugeführten Eiweißes in Österreich verbesserungswürdig. Zwei Drittel des Proteins stammen aus tierischen Quellen, was sich besonders dadurch negativ auswirkt, da damit gleichzeitig Fett, gesättigte Fettsäuren und Cholesterin, sowie – außer durch Milch- und Eiprotein – Purine aufgenommen werden. Empfohlen wird, dass nur ein Drittel des Proteinkonsums aus tierischen Produkten stammt, und dass die pflanzliche Proteinaufnahme doppelt so hoch sein sollte.

Laut österreichischem Ernährungsbericht 2003 sollte bei der Eiweißauswahl besonders darauf geachtet werden, dass nicht nur Fleisch, sondern auch Brot und Getreideprodukte in richtiger Kombination mit anderen Proteinquellen gewählt werden. Gerade der Proteingehalt von Brot wird oft unterschätzt, obwohl dieser je nach Brotsorte zwischen sechs und zehn Prozent liegt. Auch andere pflanzliche Lebensmittel – wie etwa Hülsenfrüchte – eignen sich sehr gut als pflanzliche Proteinquellen. (Österreichischer Ernährungsbericht 2003, S.222)

3.2 Fett

Die Gesamtfettzufuhr in Österreich ist deutlich zu hoch und quantitativ sowie qualitativ verbesserungswürdig. Für Erwachsene mit leichter bis mittelschwerer Arbeit nennen die DACH-Referenzwerte eine Fettzufuhr von 30 Prozent als Richtwert. Der mittlere Fettverzehr der Erwachsenen lag jedoch bei rund 37 Prozent. Dies entspricht den Richtwerten für Schwerstarbeiter und ist einer der wichtigsten Gründe für das Ansteigen von Übergewicht und Adipositas. Obwohl insgesamt der Verbrauch pflanzlicher Fette steigt, übersteigt der Konsum tierischer Fette den Anteil an Pflanzenölen noch immer, woraus sich eine eher schlechte Zusammensetzung der Fette ergibt. Auch werden innerhalb der pflanzlichen Fette noch vermehrt Öle mit schlechterer Fettsäurezusammensetzung gewählt. So wird empfohlen, dass in den Haushalten und in der Lebensmittelverarbeitung anstelle von Ω 6-reichen Ölen (z.B.: Sonnenblumenöl, Maiskeimöl) vermehrt Ω 3-reiche Öle (z.B.: Rapsöl, Sojaöl) zum Einsatz kommen sollten. (Österreichischer Ernährungsbericht 2003, S.49f)

Fett wird aus den verschiedensten Lebensmittelgruppen aufgenommen. Eine der wichtigsten Empfehlungen zum Fetteinsparen ist die Reduktion des Fleisch- und Wurstkonsums. Mit dem überhöhten Verzehr von Fleisch und Fleischprodukten wird nicht nur tierisches Fett, sondern auch gesättigte Fettsäuren, Cholesterin, Kochsalz und Nahrungsenergie zugeführt. Für eine ausgewogene Ernährung reichen pro Woche zwei bis drei Portionen Fleisch zu je 150 g sowie zwei bis drei Portionen Wurst zu je 50 g. Interessanterweise ergaben die vom Institut für Ernährungswissenschaften der Universität Wien durchgeführten Verzehrserhebungen lediglich bei Schwangeren Aufnahmemengen, die den wünschenswerten Vorgaben entsprachen. (Österreichischer Ernährungsbericht 2003, S.237f)

Neben Fleisch ist auch Fisch oft fettreich. Dieses Fett ist jedoch – obwohl tierisch – wünschenswert, da es reich an Ω 3-Fettsäuren ist. Der Fischverbrauch in Österreich ist eher gering, wird aber langsam mehr. Derzeit beträgt er etwa 450 g pro Person und Monat, was im Jahr 5,4 kg pro Kopf entspricht. Eine Steigerung des Fischkonsums auf ein bis zwei Fischmahlzeiten pro Woche wäre wünschenswert – auch in Anbetracht der Nachteile, wie eine Schadstoffbelastung der Meeresfische durch Pestizide und Schwermetalle. Besonders belastete Fischsorten sind Aal, Barsch, Stör, Hai und Thunfisch, weswegen bei Kinderwunsch bevorzugt andere Fischsorten verzehrt werden sollten. (Hanreich 2006, S.35; Österreichischer Ernährungsbericht 2003, S.1, 323)

3.2.1 Fettsäurezusammensetzung

Essenzielle Fettsäuren – also Ω 3- und Ω 6-Fettsäuren – können die Reproduktionsfähigkeit auf mehrere Weise beeinflussen. Sie sind wichtig für eine gesunde Hormonfunktion, denn sie liefern und beeinflussen die Vorstufen und viele Enzyme für die Prostaglandinsynthese. Prostaglandine wiederum regulieren die Sexualhormone. Weiters sind essenzielle Fettsäuren bedeutsam für eine physiologische Schleimsekretion – unter anderem, weil sie alle Drüsen des Körpers stimulieren – ebenso wie für ein gesundes Immunsystem und Gewebe. Ein konkretes Beispiel für eine essenzielle Fettsäure ist das Derivat der Ω 3-Fettsäure Docosahexaensäure. Diese wird für die Produktion der Zellmembrane der Ovarien und weiters zur Bildung von Gewebe und zur Entwicklung des Gehirns beim Fötus benötigt. Ein anderes Beispiel ist die Gammalinolensäure, welche im Körper aus Linolsäure gebildet wird, und die Beschaffenheit des Gebärmutterschleims verbessert. Die Überlebensrate der Spermien beim Transport wird so erhöht. Von der Linolsäure wird außerdem auch das Hormon Prostaglandin E1 abgeleitet, welches für die Regulation der Insulinsekretion bedeutsam ist und sich überdies vermutlich auch positiv auf das Hormon Prolaktin auswirkt. In nicht stillenden Frauen sind erhöhte Prolaktinwerte oft mit kurzen lutealen Phasen, Amenorrhea und Sterilität verbunden. Viele weitere Effekte der ungesättigten Fettsäuren auf die verschiedensten Aspekte der weiblichen Fertilität sind jedoch noch unklar. (Feingold 2001, S.107; König 1998, S.172; Shannon 2001, S.49f, 59, 62; Wathes 2007, S.190ff; West 2004, S.63f)

Es ist aber nicht nur auf eine ausreichende Zufuhr von essenziellen Fettsäuren zu achten, sondern auch auf das Verhältnis zwischen ungesättigten und gesättigten Fettsäuren. Dieses sollte mindestens 2:1 betragen, da der übermäßige Verzehr gesättigter Fettsäuren den Stoffwechsel der essenziellen Fettsäuren negativ beeinflussen kann. Grund dafür ist, dass gesättigte Fettsäuren die Umwandlung der essenziellen Fettsäuren in eine vom menschlichen Organismus verwertbare Form blockieren. In Österreich ist die Zufuhr an gesättigten Fettsäuren jedoch zu hoch. Empfohlen wird, dass der Anteil an gesättigten Fettsäuren in der Nahrung nicht mehr als zehn Prozent der Gesamtenergiezufuhr ausmachen sollte. Tatsächlich macht er allerdings 15 bis 20 Prozent aus. Dem gegenüber steht die zu geringe Zufuhr von ungesättigten Fettsäuren. Der Anteil an Polyenfettsäuren sollte etwa sieben Prozent der Gesamtenergie ausmachen, der an Monoenfettsäuren ungefähr 13 Prozent. Nach der Verwendung eines hormonellen Verhütungsmittels ist der Bedarf an essenziellen Fettsäuren nochmals erhöht. Mit nur sechs Prozent mehrfach ungesättigter Fettsäuren und nur etwa 7 Prozent einfach ungesättigter Fettsäuren liegt der durchschnittliche erwachsene Österreicher unter der Empfehlung. (König 1998, S.133; Österreichischer Ernährungsbericht 2003, S.49f; Shannon 2001, S.67)

Zusätzlich beeinflusst auch die Zufuhr von Transfettsäuren die Fertilität der Frau. In einer Studie von Chavarro et al. (2007) wurde die Hypothese überprüft, dass Transfettsäuren das Risiko für das Auftreten einer Sterilität steigern, während mehrfach ungesättigte Fettsäuren dieses verringern. Die Studie umfasste 18.555 Probanden ohne bisherige Diagnose einer Sterilität. Während bei der Gesamtfettzufuhr und der Zufuhr von Cholesterin kein direkter Einfluss auf die Reproduktionsfähigkeit festgestellt werden konnte, zeigte eine Steigerung der Transfettsäuren um zwei Prozent ein um 73 Prozent erhöhtes Risiko an einer Sterilität zu leiden. Dieses Ergebnis war unabhängig davon, ob dieses Mehr an Transfettsäuren auf Kosten des Kohlenhydratanteils oder des Anteils an Ω 6-Fettsäuren ging. Gingen die zwei Prozent der Gesamtenergiemenge jedoch statt auf Monoensäuren auf Transfettsäuren, war das Risiko einer Reproduktionsschwierigkeit schon doppelt so hoch. (Chavarro 2007, S.231ff)

Für die praktische Umsetzung bedeuten diese Ergebnisse, dass in der Speisenzubereitung mehr Pflanzenöle verwendet werden sollten – wobei solche mit einem hohen alpha-Linolensäureanteil zu bevorzugen sind. Dazu zählen zum Beispiel Raps-, Soja-, Walnuss- und Leinsamenöl. Auch fettreicher Fisch zählt zu den empfehlenswerten Lebensmitteln hinsichtlich der Fettzufuhr. Gleichzeitig sollte die Zufuhr von gesättigten Fettsäuren – besonders aus Fleisch und Wurstwaren – und die Aufnahme von Transfettsäuren – zum Beispiel aus Fertigprodukten wie Mehlspeisen – reduziert werden. Vereinzelt wird in der Literatur eine Ergänzung der essenziellen Fettsäuren aus der Ernährung durch Supplemente empfohlen. Da sich diese Fettsäuren nur langsam im Gewebe einlagern, sollte eine Supplementation möglichst bereits drei Monate vor einer möglichen Schwangerschaft eingenommen werden. (Österreichischer Ernährungsbericht 2003, S.50; West 2004, S.63f)

3.3 Kohlenhydrate

Als Folge der hohen Fett- und Proteinaufnahme war die Kohlenhydratzufuhr der Studienpopulation des österreichischen Ernährungsberichtes 2003 zu gering. Der Kohlenhydratanteil der Nahrung betrug bei Frauen statt der empfohlenen 55 Prozent nur 46 Prozent – beinahe zehn Prozent weniger. Besonders stärkehaltige und ballaststoffreiche Lebensmittel wurden in zu geringem Ausmaß verzehrt, weswegen auch die Empfehlung für eine Ballaststoffzufuhr von mindestens 30 g pro Tag nur zu etwa zwei Drittel erreicht wurde. Ballaststoffe sind essenziell für eine gut funktionierende Verdauung, welche eine große Rolle für die Reproduktionsfähigkeit spielt, weil dadurch Schadstoffe rasch ausgeschieden werden, die anderenfalls verstärkt in den Körperkreislauf aufgenommen werden würden. Weiters haben Ballaststoffe den positiven Effekt, dass sie überschüssiges Östrogen – welches über die Galle ausgeschieden wird – binden und so die Rückresorption verhindern können. Getreideprodukte – insbesondere solche aus Vollkorngetreide – sind geeignete ballaststoffreiche und stärkehaltige Kohlenhydratlieferanten, die sich auch durch einen hohen Vitamin- und Mineralstoffgehalt und eine geringe Energiedichte auszeichnen. Ein höherer Verzehr von Gemüse, Obst, Milchprodukten und Fisch würde zusammen mit einer Steigerung der kohlenhydrathaltigen Lebensmittel, wie etwa Brot oder Nudeln, auch die Versorgungslage der Risikonährstoffen Folsäure, Vitamin D, Eisen, Jod und Calcium entscheidend verbessern. (Feingold 2001, S.95f; Österreichischer Ernährungsbericht 2003, S.1, 50f, 222; Shannon 2001, S.48)

Die Hormone, die die Fruchtbarkeit steuern, werden von anderen Hormonen beeinflusst, wobei besonders die Hormone eine Rolle spielen, die durch unsere Ernährung und ganz besonders durch unsere Zuckerzufuhr bedingt sind. Hier ist zum Beispiel Insulin zu erwähnen. Es zeigte sich, dass sich ein niedriger Insulinspiegel positiv auf die weibliche Reproduktion auswirkt, wohingegen eine Insulinresistenz einen negativen Effekt auf die Fertilität hat. Ein hoher Insulinspiegel stimuliert die Ovarien zu einer vermehrten Testosteronbildung, was sich negativ auf das Ovulationsverhalten auswirkt.

Es wird vermutet, dass etwa 50 bis 70 Prozent der Frauen mit PCOS unter einer Insulinresistenz leiden – sowohl bei Über-, als auch bei Normalgewicht. Um die Insulinsensitivität zu verbessern sind besonders Gewichtsverlust und Bewegung wichtige

Faktoren. Ebenso wird die Insulinsensitivität aber auch durch die Ernährungszusammenstellung beeinflusst. Hierbei ist auf den Glykämischen Index (GI) von Lebensmitteln und die Glykämische Last (GL) von Mahlzeiten zu achten. Ein neuerer Wert ist der Insulin Index, allerdings ist dieser noch nicht sehr gebräuchlich. Der GI gibt an, wie hoch der Glukosespiegel nach dem Verzehr eines jeden Lebensmittels ansteigt. Die GL wird errechnet, in dem der GI mit der Menge an verzehrten Kohlenhydraten multipliziert und anschließend durch 100 dividiert wird. Der postprandiale Glukosespiegel kann durch eine reduzierte GL verbessert werden. Es gibt unterschiedliche Meinungen dazu, wie die GL am besten reduziert wird. Eine Möglichkeit besteht darin, hauptsächlich Lebensmittel mit niedrigem GI einzusetzen. Die andere Möglichkeit die GL zu vermindern ist eine Reduktion der Kohlenhydrataufnahme. Dr. Groll – der Autor des Buches *Fertility Foods* – empfiehlt eine kohlenhydratreduzierte Kost und führt momentan dahingehend auch eine Studie durch. Werden die Kohlenhydrate jedoch ersetzt, muss dieser Energieverlust entweder durch Fett oder durch Protein ausgeglichen werden, was wiederum andere negative Effekte – wie etwa eine Überbeanspruchung der Nieren – mit sich bringen würde. Außerdem zeigte sich bei kohlenhydratreduzierten Diäten zwar auf kurze Zeit gesehen ein verbesserter Blutglukosespiegel, doch auf längere Sicht kompensierte der Körper die geringe Kohlenhydratzufuhr durch eine gesteigerte Glukoseproduktion der Leber. (Groll 2006, S.4, 8, 17f ; Marsh 2005, S.154ff ; Sharpe 2002, S.33)

3.3.1 Zucker

Ein bedeutsamer Teil der Kohlenhydratzufuhr – nämlich elf Prozent der Tagesenergie bei österreichischen Erwachsenen im Alter von 25 bis 50 Jahren – erfolgt durch Zucker. Tendenziell ist der Zuckerkonsum bei Mädchen und Frauen noch etwas höher. Er liegt somit deutlich über der Empfehlung der WHO von einer maximalen Zuckerzufuhr von zehn Prozent. Zucker und Honig sind reich an Kalorien und arm an Mikronährstoffen, weswegen sie in einer Ernährung, die kalorisch bedarfsdeckend oder sogar zu hoch ist und die Mängel an bestimmten Mikronährstoffen aufweist, nicht empfehlenswert sind. Besonders bei einer Reduktionskost – die im Rahmen einer reproduktionsmedizinischen Behandlung oft empfehlenswert ist – sollte auf einen gezielt geringen Zuckerkonsum geachtet werden. Die landläufige Meinung, dass Zucker an sich dick macht, ist wissenschaftlich umstritten. Zudem zeigen Verzehrsstudien immer wieder eine inverse Beziehung zwischen der Zucker- und

Fettaufnahme in der Bevölkerung. Das bedeutet, ein hoher Fettverzehr korreliert oft mit einem geringen Zuckerkonsum, was wiederum heißt, dass eine zuckerreiche Ernährung im Allgemeinen fettärmer ist. (Österreichischer Ernährungsbericht 2003, S.242ff)

Zucker wird im Gastrointestinaltrakt sehr schnell resorbiert, wodurch der Blutzuckerspiegel nach Zuckerkonsum rasch ansteigt. Darauf wird mit der Ausschüttung von Insulin reagiert, was zum Einstrom von Glukose in die Körperzellen – inklusive der Fettzellen – führt. Überschuss an Glukose wird als gesättigtes Fett gespeichert. Da die Resorption von Glukose bei Zuckerkonsum auf nüchternen Magen besonders schnell ist, wird empfohlen Zucker eher zum Abschluss einer Mahlzeit zu verzehren. (Shannon 2001, S.9, 12)

Negative Auswirkung auf die Reproduktion hat Zucker auch dadurch, dass er den Hormontransport einschränkt. Außerdem verringert Zucker die im Körper vorhandenen B-Vitamine, Chrom, Zink, Mangan und Magnesium, weil diese notwendig für die Verstoffwechselung von Zucker sind. (König 1998, S.134; Shannon 2001, S.9)

Der Zuckerkonsum hat aber auch positive Seiten auf das Ernährungsverhalten, da durch Anreicherung von wertvollen Nahrungsmitteln mit Zucker, diese in höherem Ausmaß verzehrt werden. Ein Beispiel hierfür ist zum Beispiel Joghurt, welches durch Beifügung von Früchten und Zucker an Attraktivität stark gewonnen hat. (Shannon 2001, S.12)

4 Flüssigkeitszufuhr

Eine ausreichende Flüssigkeitszufuhr trägt zu einer rascheren Darmpassage bei und verhindert so das lange Verweilen des Speisebreis im Gastrointestinaltrakt und die damit verbundene Resorption etwaiger Schadstoffe aus der Nahrung. Des Weiteren werden Schadstoffe aus dem Blutstrom durch einen ausreichenden Flüssigkeitsaustausch reduziert. (Feingold 2001, S.101)

Die Erhebung des österreichischen Ernährungsberichtes 2003 ergab, dass die durchschnittliche Trinkmenge von nicht-koffeinhaltigen und nicht-alkoholischen Getränken im Bereich von 1,5 bis 1,8 Liter pro Tag – und somit in einem wünschenswerten Bereich – lag. Studien weisen jedoch darauf hin, dass ein beachtlicher Anteil der Bevölkerung die von Fachgesellschaften empfohlenen Trinkmengen nicht erreicht. Hinzu kommt, dass der Flüssigkeitsbedarf durch den Konsum von koffeinhaltigen und alkoholischen Getränken gesteigert ist, da diese die Wasserausscheidung erhöhen und dadurch einen höheren Wasserbedarf bedingen. (Österreichischer Ernährungsbericht 2003, S.63)

4.1 Koffein

Koffein aus Kaffee, Schwarztee, aus Mate, Energydrinks, Schokolade und aus manchen Medikamenten erhöht die Harnausscheidung. Dabei können für die Fruchtbarkeit wichtige Wirkstoffe ausgeschwemmt werden. Eine Studie von Bolúmar et al. (1997) an über 3.000 Frauen zeigte, dass Frauen mit Kinderwunsch bei einem Konsum von über fünf Tassen Kaffee – also etwa 500 mg Koffein – pro Tag längere Zeit benötigen um schwanger zu werden als Frauen, die keinen Kaffee tranken. Eine andere Studie an der amerikanischen Johns-Hopkins-Universität ergab, dass Frauen, die pro Tag mehr als 300 mg Koffein – etwa drei Tassen Kaffee – zu sich nahmen, dreimal so lange brauchten, um schwanger zu werden. Wieder eine andere Untersuchung des National Institute of Health in den USA weist darauf hin, dass bereits die tägliche Menge von 115 mg Koffein ausreicht, um die Befruchtungsrate zu halbieren. (Bolúmar 1997, S.324; König 1998, S.135)

Koffein wirkt auf vielfältige Weise auf die Fruchtbarkeit ein. Es verlängert die Halbwertszeit von Adrenalin im Körper, welches für eine verstärkte Durchblutung von Muskeln und Gehirn und eine geringere Blutversorgung von Verdauungs- und

Reproduktionsorganen sorgt. Koffein verändert den Hormonspiegel, indem es die Leber hemmt, die Hormone abzubauen. Des Weiteren stört Koffein die Steuerungsfunktion des Hypothalamus und gefährdet so auf Dauer den Eisprung. Außerdem entzieht Koffein dem Körper B-Vitamine und erhöht den Blutzucker durch eine vermehrte Stimulation der Nebennierendrüsen. Große Mengen Kaffee erhöhen außerdem das Fehlgeburtsrisiko und schaden dem ungeborenen Kind. (Croon 2005, S.72; Feingold 2001, S.109; König 1998, S.135; Shannon 2001, S.12)

Im Idealfall sollte bei Fertilitätsproblemen völlig auf Energydrinks verzichtet werden und der Konsum von Kaffee und anderen Koffeinquellen zumindest eingeschränkt werden. Allerdings sollte diese Koffeinentwöhnung langsam erfolgen, da nach dem Absetzen auch Koffeinentzugserscheinungen wie Kopfschmerzen, Müdigkeit oder depressive Stimmungen auftreten können. Gute Alternativen für Kaffee sind koffeinfreier Kaffee, Malzkaffee oder Rotbuschtee. Allerdings gibt es Erkenntnisse, dass auch koffeinfreier Kaffee das Schwangerwerden verzögern könnte. Es kann also sein, dass auch andere Stoffe im Kaffee – von denen noch viele unerforscht sind – sich negativ auf die Fertilität auswirken. (Croon 2005, S.72; Hanreich 2006, S.36)

Lebensmittel	Menge	Koffeingehalt
Instantkaffee	1 Tasse	75 mg
Gebrühter Kaffee	1 Tasse	100 mg
Schwarzer Tee	1 Tasse	50 mg
Cola-Getränke	1 Dose	40 mg
Energy drinks	1 Dose	80 mg
Schokolade	½ Tafel (50 g)	50 mg

Tab. 4: Koffeingehalt in Lebensmitteln

(Gahl 2007, URL 3)

4.2 Alkohol

Laut österreichischem Ernährungsbericht 2003 hat sich der Alkoholkonsum von Frauen innerhalb der letzten Jahre verdoppelt. Durchschnittlich führen Frauen demnach drei Prozent der Gesamtenergie durch Alkohol zu. Die gesundheitlich verträgliche Dosis wird für die stoffwechselgesunde Frau auf lediglich 10 g geschätzt, die jedoch nicht täglich konsumiert werden sollten. Wird bedacht, dass fast 50 Prozent der Befragten angaben nur sehr selten alkoholische Getränke zu trinken, muss davon ausgegangen werden, dass der Konsum der anderen Hälfte der Österreicherinnen deutlich über der Empfehlung liegt. Auch bei der Wahl der Getränke zu den Hauptmahlzeiten rangiert Alkohol mit 25 Prozent der Nennungen bereits an dritter Stelle. Bei dieser Befragung wurde jedoch nicht zwischen den Geschlechtern unterschieden. (Österreichischer Ernährungsbericht 2003, S.51, 66)

Das Resümee sämtlicher Studien, die im Zeitraum 1980 bis 1996 durchgeführt wurden, ist, dass hoher Alkoholkonsum die weibliche Fertilität beeinflusst. Diese Erkenntnis wurde auch in einer neueren Studie mit 430 dänischen Paaren im Alter von 20 bis 35 Jahren, die ihr erstes Kind planten, bestätigt. Hier zeigte sich, dass Frauen, die zehn oder mehr alkoholische Getränke pro Woche zuführten, eine um zwei Drittel verminderte Chance hatten schwanger zu werden, als Probandinnen, die keinen Alkohol tranken. Erstmals wurde mit dieser Studie jedoch auch ein negativer Effekt einer geringen Alkoholzufuhr festgestellt. Auch Frauen, die nur ein bis fünf alkoholische Getränke pro Woche konsumierten, wurden schwieriger schwanger als abstinente Frauen. Die Reduktion der Fruchtbarkeit zeigte sich unabhängig von der Art der alkoholischen Getränke. Erhebungen zeigen außerdem, dass unfruchtbare Paare vermehrt Alkohol trinken und rauchen, was ebenfalls bestätigen könnte, dass sich ein solcher Lebensstil negativ auf die Fruchtbarkeit auswirkt. Allerdings muss hierbei bedacht werden, dass eventuell nicht der Alkohol und das Rauchen zu der Sterilität geführt haben, sondern dass vielleicht umgekehrt die Unfruchtbarkeit zu vermehrtem Alkohol- und Zigarettenkonsum geführt hat. (Bradley 1998, S. 627; Kold Jensen 1998, S. 505ff; Sharpe 2002, S.36)

Die möglichen Ursachen für die Auswirkungen von Alkohol auf die Fertilität sind vielfältig. Der Konsum von alkoholischen Getränken kann zum Beispiel zu Menstruationsstörungen, wie einem unregelmäßigen Zyklus, Amenorrhoe oder Anovulation führen, da die Eireifung verzögert wird. Des Weiteren hat Alkohol eine schädigende Wirkung auf die Leber, was hormonelle Auswirkungen hat. So zeigen sich etwa bei lebergeschädigten Frauen erhöhte Östrogenkonzentrationen, was sich durch eine Veränderung der Östrogenrezeptoren in der Leber erklären lässt. Auch die Progesteronwerte sind bei übermäßigem Alkoholkonsum verändert. Bei zu starkem Absinken dieses Wertes kann sich das befruchtete Ei nicht in der Gebärmutter einnisten. (Bradley 1998, S. 630ff; Kold Jensen 1998, S. 505, Feingold 2001, S.110)

Darüber hinaus zeigten Untersuchungen, dass der Genuss von Alkohol auch mit einem vermehrten Auftreten von fruchtbarkeitsbeeinrächtigenden Erkrankungen einhergeht. Eine Studie an über 500 Frauen brachte das Ergebnis, dass es bei Probandinnen, die Alkohol konsumierten, öfter zu Endometriose, Anomalien der Ovarien und einer verfrühten Menopause kommt. In dieser Studie angeführte Begründungen sind reduzierte FSH-Werte sowie Menstruationsstörungen. Interessant ist auch ein erwiesener Zusammenhang zwischen Alkoholkonsum und Brustkrebs, da Mammakarzinome oft östrogenabhängig sind, und sowohl die Funktion der Eierstöcke, als auch Endometriose mit der Östrogenkonzentration korrelieren. (Grodstein 1994, S. 1429ff)

Weiters ist zu beachten, dass Alkohol den Bedarf an Vitaminen des B-Komplexes sowie an Magnesium, Zink und Calcium erhöht, was zu einem Mangel führen oder einen bestehenden Mangel verstärken kann, wodurch wiederum Störungen im Hormonhaushalt entstehen können. Des Weiteren erhöht Alkohol die Ausscheidung von Folsäure – welches ohnehin ein kritischer Nährstoff ist – über den Urin. (König 1998, S. 135, West 2004, S.34)

Obwohl nicht alle Studien dafür plädieren, Alkoholgenuss generell bei Kinderwunsch zu unterbinden, gilt zu beachten, dass während der Schwangerschaft Alkohol auf jeden Fall zu meiden ist. Da bereits geringe Mengen einen negativen Einfluss auf die Entwicklung des Gehirns und anderer Organe des Ungeborenen haben können, empfiehlt sich eine Alkoholabstinenz auch schon bei Beginn von unverhütetem Geschlechtsverkehr. (Lyttleton 2008, S. 378)

5 Mikronährstoffe

Mikronährstoffe beeinflussen die Reproduktion auf vielfältige Weise. Sie sind notwendig für eine normale Eierstockfunktion, für die Eizellenreifung und die Ovulation, sie führen zu einem regelmäßigen Zyklus und zur Durchlässigkeit der Eileiter. Außerdem neutralisieren viele von ihnen toxische Stoffe.

Der vielfältige Einfluss von Mikronährstoffen auf die Empfängnisbereitschaft soll mit folgender Grafik deutlich werden:

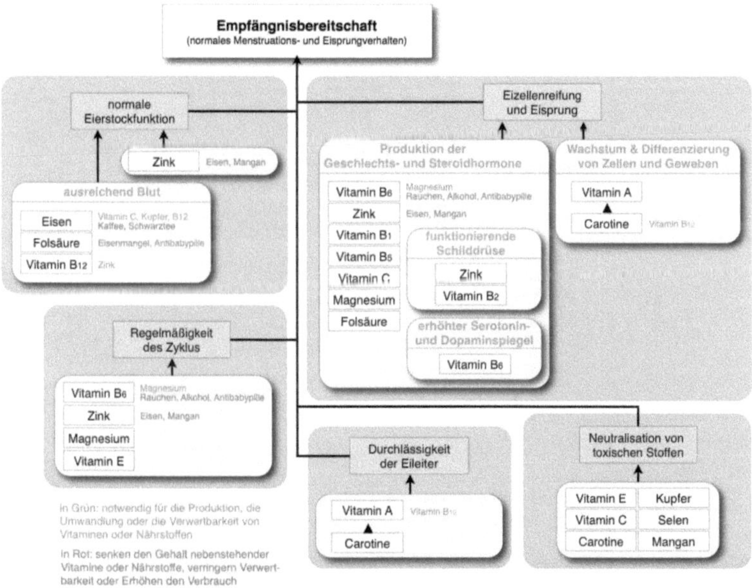

Abb. 4: Auswirkungen von Mikronährstoffen auf die Empfängnisbereitschaft der Frau
(eigener Entwurf)

Mikronährstoffe finden sich in fast allen Lebensmitteln, weswegen eine ausgewogene Mischkost den Bedarf an Vitaminen und Mineralstoffen am Besten decken sollte. Eine solch ausgewogene Kostform lässt sich bei der Durchschnittsösterreicherin jedoch nicht beobachten. So ist die Ernährungsweise unter anderem zu arm an Obst und Gemüse, Vollkornprodukten, fettarmen Milchprodukten und Fisch. Besonders Obst und Gemüse würden sich aber als Mikronährstofflieferanten eignen, da sie zwar verhältnismäßig viel an Vitaminen und Mineralstoffen liefern, jedoch – unter Ausschluss einiger weniger Ausnahmen – wenig Energie. Aufgrund dieser positiven Eigenschaften sollte diese Lebensmittelgruppe sogar die Basis der Ernährung eines Erwachsenen bilden, was durch die Ernährungspyramide deutlich wird.

Abb. 5: Ernährungspyramide

(URL 5)

In Zahlen würde dies bedeuten, dass jede erwachsene Person pro Tag mindestens 400 g Gemüse und Obst essen sollte. Mit durchschnittlich 183 g Obst und 148 g Gemüse pro Tag isst der österreichische Erwachsene folglich im Vergleich zu den Empfehlungen deutlich zu wenig von dieser Lebensmittelgruppe. Der Verbrauch von Gemüse und Obst ist zwar ansteigend, allerdings wäre eine höhere Variabilität bei der Sortenwahl wünschenswert.

Im Zusammenhang mit der Fertilität ist interessant, dass schwangere Frauen mengenmäßig am meisten Obst und Gemüse – nämlich 291und 168 g – verzehren. Werdende Mütter über 35 Jahren essen auch signifikant mehr Gemüse als der Rest der österreichischen Bevölkerung. Sollten die Frauen ihre Ernährungsweise durch die Schwangerschaft nicht komplett umgestellt haben, kann davon ausgegangen werden, dass ihre Versorgung an bestimmten Mikronährstoffen auch schon zur Zeit der Empfängnis besser war, als beim durchschnittlichen österreichischen Einwohner. Dies ist jedoch nur eine Überlegung aufgrund der Daten des österreichischen Ernährungsberichtes und wissenschaftlich nicht belegt. (Österreichischer Ernährungsbericht 2003, S.47, 228ff)

Für die ungenügende Deckung des Bedarfs an bestimmten Mikronährstoffen sind nicht nur die Ernährungsgewohnheiten verantwortlich. Auch weniger beeinflussbare Faktoren, wie etwa der geringe Bestand an hochwertigen Fischen durch den fehlenden Meerzugang Österreichs oder die Auslaugung der Böden, tragen zu diesen Defiziten bei. Da also selbst mit einer ausgewogenen Ernährung der Bedarf oft nicht vollständig gedeckt werden kann, ist auch eine Supplementation bestimmter Vitamine und Mineralstoffe durchaus empfehlenswert. Besonders mit zunehmendem Alter könnte eine Supplementation hilfreich sein, da die Absorptionsrate verschiedener Mikronährstoffe immer mehr abnimmt. Diese Erkenntnis ist vor allem hinsichtlich des verstärkt auftretenden späten Kinderwunschs von Bedeutung. Mikronährstoffe können dennoch am Besten in ihrer natürlichen Form aufgenommen werden, weswegen eine Supplementation immer nur als Ergänzung für eine gesunde, ausgewogene Ernährung empfohlen werden kann. (Feingold 2001, S.114; Shannon 2001, S.27)

In der Literatur finden sich verschiedene Empfehlungen zur Supplementation für Frauen vor der Konzeption. Grundsätzlich sollte aber nicht wahllos supplementiert werden, sondern der individuelle Bedarf mit dem Arzt besprochen werden. (Feingold 2001, S.114f; Shannon 2001, S.32f)

5.1 Vitamine

	IST	SOLL lt. D-A-CH Referenzwerte
Vitamin A (mg)	1,3 ± 1,2	0,8
β-Carotin (mg)	3,8 ± 4,1	2 – 4
Vitamin D (μg)	3,7 ± 5,1	5
Vitamin E (mg)	12,9 ± 8,5	12 (Schätzwert)
Vitamin B_1 (mg)	1,3 ± 0,8	1
Vitamin B_2 (mg)	1,7 ± 0,9	1,2
Niacin (mg)	30 ± 14	13
Pantothensäure (mg)	5,7 ± 3,4	6
Vitamin B_6 (mg)	1,9 ± 1,5	1,2
Biotin (μg)	62 ± 59	30 – 60
Folsäure (μg)	264 ± 120	400
Vitamin B_{12} (μg)	5 ± 4	3
Vitamin C (mg)	138 ± 114	100

Tab. 5: Mittlere tägliche Vitaminzufuhr bei österreichischen Frauen im Alter von 25 bis 50 Jahren

(Österreichischer Ernährungsbericht 2003, S.53)

Hinsichtlich der Vitaminzufuhr zeigen sich sehr unterschiedliche Ergebnisse innerhalb der weiblichen österreichischen Bevölkerung. Demzufolge ist die Abweichung vom Mittelwert teilweise enorm. Im österreichischen Ernährungsbericht 2003 werden Folsäure und Vitamin D als besonders kritische Mikronährstoffe definiert, bei denen dringender Handlungsbedarf besteht. Weiters wird die Vitamin E-Zufuhr als verbesserungswürdig bezeichnet. Bei der Retinolzufuhr zeigten sich sowohl sehr hohe, als auch sehr niedrige Werte. Da sich bei diesem Vitamin sowohl ein Mangel als auch ein Überschuss negativ auf die Fertilität und die Schwangerschaft auswirken, wird auch das Retinol in Folge näher betrachtet. (Österreichischer Ernährungsbericht 2003, S.52ff)

5.1.1 Vitamin A – Retinol

In großen Mengen erhöht Vitamin A die Chance auf eine Missbildung beim ungeborenen Kind. Vitamin A-Mengen über 3 mg Retinol (präformiertes Vitamin A) sollten daher aufgrund der fruchtschädigenden Wirkung gemieden werden. Frauen, die schwanger werden wollen oder schwanger sind, sollten deswegen generell keine Leber verzehren. Der Grund dafür ist der unkalkulierbar hohe Vitamin A-Gehalt von Leber. Eine Portion gebackene Leber zum Beispiel kann auch 8 mg an Vitamin A enthalten. Aus der Erhebung des österreichischen Ernährungsberichtes 2003 geht hervor, dass sich dessen nicht alle werdenden Mütter bewusst sind, weswegen sich zum Teil erhöhte Zufuhrwerte von Vitamin A bei schwangeren Frauen fanden. (Croon 2005, S.65; Österreichischer Ernährungsbericht 2003, S.90)

Es wird empfohlen den Bedarf an Retinol bevorzugt über seine Vorstufen, die Carotine, zu decken. Diese werden erst im Körper zu Vitamin A umgewandelt und haben keine fruchtschädigende Wirkung, sondern wirken sogar antioxidativ. Da sich oxidativer Stress negativ auf Sexualität und Fruchtbarkeit auswirkt, sind Antioxidanzien generell zu empfehlen. Im Körper befindet sich Betakarotin in sehr hoher Konzentration im Gelbkörper. Da dieser Progesteron bildet, kann Betakarotin für einen regelmäßigen Zyklus und zu Beginn der Schwangerschaft wichtig sein. Außerdem reduziert es die Häufigkeit von Eierstockzysten. Es gibt keine Empfehlung hinsichtlich einer Mengenbeschränkung des Betakarotins. Selbst in Vitaminpräparaten ist Betakarotin bedenkenlos verwendbar. Zu beachten ist aber, dass Vitamin A den Bedarf an Vitamin E erhöht. (Hanreich 2006, S.38; König 1998, S.146; Shannon 2001, S.31; West 2004, S.59)

Trotz der Empfehlung, Retinol nicht in zu großen Mengen zu verzehren, ist ein Mangel zu vermeiden. Dieser kann zu einer Verengung der Eileiter bis hin zur Sterilität führen und mit einer starken und langen Menstruation einhergehen. Doch auch nach erfolgter Konzeption ist Vitamin A aus grundlegenderen Umständen von Bedeutung, da es das weitere Wachstum und die Differenzierung unterschiedlichster Zellen und Gewebe reguliert, was unbedingt notwendig für die Entstehung eines neuen Lebens ist. Außerdem fördert es den Aufbau der Schleimhäute von Scheide und Gebärmutter und bereitet somit das Nest für das befruchtete Ei vor. Nicht zuletzt ist Retinol auch für eine gesunde Funktion der Schilddrüse notwendig, welche ebenfalls die Fertilität beeinflusst. Laut österreichischem Ernährungsbericht 2003 erreichen nur zwei Drittel aller Schwangeren zumindest 80 Prozent der empfohlenen Vitamin

A-Menge und rund ein Fünftel der Frauen lag sogar unter 50 Prozent der wünschenswerten Zufuhr. (Feingold 2000, S.102; König 1998, S.146; Österreichischer Ernährungsbericht 2003, S.90)

5.1.2 Folsäure

Folsäure kann durch die übliche Nahrungsaufnahme nicht ausreichend aufgenommen werden. Da es aber sowohl für die Fruchtbarkeit als auch zu Schwangerschaftsbeginn besonders wichtig ist, sollte sie bei Kinderwunsch auf jeden Fall als Präparat zugeführt werden. Ein Mangel an diesem Vitamin der B-Gruppe kann – wie auch ein Defizit an Cobalamin – durch einen Mangel an roten Blutkörperchen zu Funktionsstörungen der Ovarien und zu Sterilität führen, da Folsäure wichtig für die Qualität und die Reifung der Eizellen, aber auch die Einnistung derselben und die Bildung der Plazenta ist. Ursache hierfür ist unter anderem, dass Folsäure zur Bildung der Steroidhormone beiträgt. Neue Erkenntnisse deuten außerdem darauf hin, dass der Folsäurestatus wichtig für die Reaktion der Eierstöcke auf die FSH-Stimulation ist. Der Folsäurestoffwechsel ist folglich in vielerlei Hinsicht einflussnehmend auf die Reproduktion. Er ist weiters wichtig für den Homocysteinstoffwechsel. Homocystein – welches auch im Fruchtwasser zu finden ist – ist signifikant niedriger bei Frauen, die Folsäuresupplemente einnahmen. Dieser niedrigere Homocysteinspiegel scheint sich positiv auf die Reproduktionsfähigkeit auszuwirken, allerdings sind hier noch weitere Studien notwendig. (Chavarro 2008, S.668; Ebisch 2007, S.163, 166; Forges 2007, S.235; Hanreich 2006, S.36; König 1998, S.153, S.155)

Es wird empfohlen 400 µg Folsäure täglich ab mindestens vier Wochen vor der geplanten Schwangerschaft bis mindestens zwölf Wochen nach Beginn der Schwangerschaft zu supplementieren. Der wichtigste Grund hierfür ist die Verhinderung eines Neuralrohrdefektes. Das Neuralrohr, aus dem sich das Gehirn und das Rückenmark entwickeln, schließt sich in der vierten Woche nach der Befruchtung – also oft schon bevor die Schwangerschaft bekannt ist – und liegt dann im Inneren des Embryos. Ein Neuralrohrdefekt tritt auf, wenn dieser Ablauf – zum Beispiel durch einen Mangel an Folsäure – gestört ist und sich das Neuralrohr nicht vollständig schließt. Frauen, die 400 µg Folsäure supplementieren und folsäurereiche Nahrung zu sich nehmen, haben folglich das geringste Risiko, ein Kind mit einem Neuralrohrdefekt zu bekommen. Vereinzelt sprechen sich Wissenschaftler jedoch bereits für die doppelte Menge an Folsäureergänzung – also für

800 µg – aus. Frauen, die bereits Fehlgeburten hatten oder ein Kind mit Neuralrohrdefekt zur Welt gebracht haben, sollen sogar eine zehnmal höhere Dosis einnehmen. Das Risiko, das nach einem Kind mit Neuralrohrdefekt diese Störung bei einer Folgeschwangerschaft erneut auftritt, ist um 50 Prozent erhöht. (Croon 2005, S.68f; Hanreich 2006, S.37, 63f)

Zu beachten ist, dass Frauen mit einem BMI von ≥ 30 ein etwa doppelt so hohes Risiko als normalgewichtige Frauen haben ein Kind mit einem Neuralrohrdefekt zu gebären und dass dieses Risiko durch Folsäuresupplementation scheinbar auch nicht vermindert werden kann. Um dem vorzubeugen, wird übergewichtigen Frauen, die ein Kind bekommen wollen, vor der Konzeption eine Gewichtsabnahme mit gleichzeitiger hochdosierter Folsäuresupplementation und der Verwendung von Verhütungsmitteln bis zur erwünschten Gewichtsreduktion, empfohlen. (Nelson 2007, S.912; Teratology Society 2006, S.73)

Ein Folsäuremangel ist in allen Industriestaaten sehr verbreitet, dennoch wird das Vitamin oft nicht supplementiert. Schon vor der Schwangerschaft – wo der Bedarf noch geringer ist – nehmen über 90 Prozent der Frauen nur halb so viel Folsäure wie empfohlen auf. Der schweizerische Ernährungsbericht 2005 gibt an, dass nur 37 Prozent der Schwangeren und der Mütter bereits vier Wochen vor der Schwangerschaft Folsäure supplementierten. Österreichische Zahlen hierzu gibt es noch keine. Zu bedenken ist neben der geringen Zufuhr auch die Tatsache, dass einige Umstände die Folsäureaufnahme verschlechtern. Die Folsäureverwertung wird zum Beispiel dann verringert, wenn gleichzeitig ein Eisenmangel vorliegt, was in Österreich sehr häufig ist. Außerdem sind Frauen, die vor dem Kinderwunsch ein hormonelles Verhütungsmittel nahmen, noch stärker von einem Folsäuremangel betroffen, da die verabreichten Östrogenhormone die Aufnahme von Folsäure im Dünndarm hemmen, die Verwertung vermindern und den Abbau beschleunigen. Mittlerweile wird auch eine Anreicherung von Nahrungsmitteln mit Folsäure oft diskutiert. In Österreich wurde nach amerikanischem Vorbild bereits 2006 ein Gesetzesentwurf zur Anreicherung von Mehl mit Folsäure eingebracht. (Hanreich 2006, S.63; Jans-Ruggli 2005, S.77; König 1998, S.153, 156; URL 6; Shannon 2001, S.67)

Eine pharmakologische Supplementation ersetzt jedoch keinesfalls die Folsäurezufuhr mit natürlichen Lebensmitteln, sondern ergänzt sie lediglich. Folsäure ist in grünen Gemüsesorten, Weizenkeimen, Vollkornprodukten, Hefeextrakt und einigen Hülsenfrüchten und Obstsorten in größeren Mengen enthalten. Es ist allerdings sehr empfindlich und kann durch die Lagerung und die Zubereitung bis zu 70 Prozent zerstört werden. Da es ein wasserlösliches Vitamin ist, wird es besonders beim Kochen weitgehend zerstört. Deswegen sollten folsäurereiche Lebensmittel wenn möglich roh verzehrt werden, zum Beispiel als Salat, Rohkost oder frisches Obst. Weiters ist Folsäure auch lichtempfindlich. Ein Übermaß an Folsäure wird über die Niere ausgeschieden, sodass keine Nebenwirkungen zu befürchten sind. (Hanreich 2006, S.36f ; Körner 2004, S.24; Rösch 2004, S.43ff)

5.1.3 Vitamin D

Vitamin D kann über die Nahrung zugeführt werden, aber auch vom Körper selbst durch Sonneneinstrahlung gebildet werden. Die mittlere Vitamin D-Zufuhr durch Lebensmittel ist bei österreichischen Frauen unzureichend. Mit zunehmendem Alter nimmt außerdem die Kapazität der Haut dieses hormonähnliche Vitamin endogen zu synthetisieren immer mehr ab. Da sich Frauen gleichzeitig immer später Kinder wünschen, könnte die ungenügende Bedarfsdeckung an Vitamin D die Fertilität negativ beeinflussen. Vitamin D beeinflusst die Fruchtbarkeit unter anderem durch die Regulation des Stoffwechsels von Calcium und Phosphor, welche notwendig für eine gesunde Hormonfunktion sind. Weiters beeinflusst Vitamin D die Hormondrüsen und das Immunsystem und regt das Wachstum und die Differenzierung verschiedener Zellen an. Besonders das Soltriol – eine Vitamin-D-Variante – hat über Hypophyse und Hypothalamus direkten fruchtbarkeitsfördernden Einfluss. (Feingold 2001, S.104; König 1998, S.165; Körner 2004, S.23; Österreichischer Ernährungsbericht 2003, S.52)

5.1.4 Vitamin E - Tocopherol

Das Anfang der 70er Jahre als *Fruchtbarkeits- und Sexualvitamin* bezeichnete Vitamin E wird im Allgemeinen mit Fruchtbarkeit assoziiert, da es für die Aufrechterhaltung des Gleichgewichts der Hormonproduktion und so zu einem regelmäßigeren Eisprung verhelfen kann. Wie mittlerweile bekannt ist, hat Tocopherol jedoch noch eine größere Bedeutung als hochwirksamer Radikalfänger. Freie Radikale schädigen die Keimzellen, also das genetische Material. Solch geschädigte und mutierte Eizellen sind oft unfruchtbar. Weiters kann sich die befruchtete Eizelle bei einem Mangel an Vitamin E nicht in die Gebärmutter einnisten und wird abgestoßen. (Feingold 2000, S.105; König 1998, S.131f, 139, 159)

Bei Frauen der Altersgruppe unter 64 Jahren lag die mittlere Vitamin E-Zufuhr erfreulicherweise knapp über dem DACH-Schätzwert. Da der Vitamin E-Bedarf jedoch nicht genau bestimmt werden kann, sind Aussagen über die Versorgungslage schwierig. Besonders Frauen, die zuvor hormonell verhütet haben, müssen vermehrt auf eine ausreichende Zufuhr von Vitamin E achten, um sich von der Hormonbelastung zu regenerieren. Durch einen höheren Konsum von pflanzlichen Ölen, zum Beispiel Raps-, Oliven- und Sojaöl, ließe sich die Versorgung mit Vitamin E relativ einfach verbessern. Eine Supplementation ist – obwohl in mancher Literatur empfohlen – nicht notwendig. Eine Empfehlung gegen die Supplementation dieses Vitamins begründet dies damit, dass Vitamin E in der Onkologie mit verringerter Zellteilung in Verbindung gebracht wurde, was bei der Reproduktion nicht wünschenswert ist. (Groll 2006, S.160; Österreichischer Ernährungsbericht 2003, S.54; Shannon 2001, S.67)

5.2 Mineralstoffe

	IST	SOLL lt. D-A-CH-Referenzwert
Calcium (mg)	900 ± 474	1000
Kalium (g)	2,7 ± 1	2
Magnesium (mg)	323 ± 117	300
Eisen (mg)	13,7 ± 7	15
Zink (mg)	10,2 ± 3,8	7
Jod (µg)	137 ± 80	180
Mangan (mg)	4,6 ± 2,4	2 - 5
Kupfer (mg)	2,1 ± 0,7	1 – 1,5

Tab. 6: Mittlere tägliche Mineralstoffzufuhr bei österreichischen Frauen im Alter von 25 bis 50 Jahren

(Österreichischer Ernährungsbericht 2003, S.56)

Ähnlich wie bei den Vitaminen ist auch bei den Mineralstoffen eine große Schwankungsbreite hinsichtlich der Zufuhrmenge zu beobachten. Aufgrund der erhobenen Datenlage werden im österreichischen Ernährungsbericht 2003 die Nährstoffe Calcium und

Jod als besonders kritische Nährstoffe in der gesamten Bevölkerung dargestellt. Dringender Handlungsbedarf ergibt sich bei Frauen im gebärfähigen Alter weiters bei dem Nährstoff Eisen, da es bei dieser Bevölkerungsgruppe neben der geringen Zufuhr auch zu monatlichen Verlusten durch die Menstruation kommt. Verbesserungswürdig ist auch die Zufuhr von Magnesium, da sich hier bei der Zufuhr große Unterschiede zeigen. (Österreichischer Ernährungsbericht 2003, S.55f)

5.2.1 Calcium

Calcium ist nicht nur für den Knochenstoffwechsel, sondern auch für die Fertilität von Bedeutung. Ein Mangel an Calcium kann Ursache eines Östrogenmangels sein, was in weiterer Folge zu Ovulationsstörungen führen kann. (Feingold 2000, S.105)

In Österreich ist die Calciumaufnahme in allen Altersgruppen bei Männern und Frauen zu niedrig. Die geringsten Aufnahmemengen zeigten sich jedoch im Kollektiv der Frauen. Auch die lebensmittelbasierten Empfehlungen für den Verzehr von Milch und Milchprodukten wurden von keiner untersuchten Bevölkerungsgruppe erreicht. Dennoch stammte der größte Teil des aufgenommenen Calciums, nämlich über 50 Prozent, aus dieser Lebensmittelgruppe. Das heißt, die Deckung des Calciumbedarfs wäre bei den Ernährungsgewohnheiten in Österreich unter Verzicht oder Einschränkung der Zufuhr von Milch und Milchprodukten kaum möglich. Insgesamt ist eine Steigerung des Verzehrs von Milch, Käse, Joghurt, Buttermilch und anderen Milchprodukten also wünschenswert. Dabei gilt jedoch zu beachten, dass mit Milcherzeugnissen nicht nur Calcium, sondern auch Fett zugeführt wird. Etwa ein Drittel des Richtwerts für die tägliche Fettzufuhr kommt allein aus dem Verzehr von Milch und daraus hergestellten Produkten. Rund zwei Drittel dieses Milchfetts besteht aus gesättigten Fettsäuren, was eine tägliche Aufnahme an gesättigten Fettsäuren durch Milchprodukte von cirka sechs bis sieben Prozent der täglichen Energiezufuhr ergibt. Um bei vermehrter Zufuhr von Calcium, die Einnahme von Fett und gesättigten Fettsäuren nicht drastisch zu erhöhen sollten folglich fettarme Produkte bevorzugt werden. (Österreichischer Ernährungsbericht 2003, S.56, 232)

Die Ergebnisse einer Studie von Chavarro et al. (2007) sprechen jedoch gegen diese Empfehlung. 18555 verheiratete Frauen ohne bereits diagnostizierte Fertilitätsstörung wurden acht Jahre lang nach ihrem Milchkonsum und ihrer Reproduktionsfähigkeit gefragt. Dabei wurde herausgefunden, dass der Konsum von fettarmen Milchprodukten öfter mit dem

Ausbleiben der Ovulation einherging, während die Verwendung von normalfetten Milchprodukten den Eisprung nicht nachteilig beeinflusste. Dies könnte damit zusammenhängen, dass durch fettarme Milchprodukte der Androgenspiegel erhöht wird, während normalfette Milchprodukte dem Körper Östrogen liefern. Noch gibt es keine weitere Studie, die diese Ergebnisse bestätigt. (Chavarro 2007, S.1340ff)

Es gibt noch eine weitere Möglichkeit, wie Milchprodukte die Fruchtbarkeit beeinflussen können. Der Grund hierfür ist das nur in Milchprodukten vorhandene Monosaccharid Galaktose, welches gemeinsam mit Glukose die Laktose bildet. Normalerweise wird die Galaktose in der Leber zu Glukose umgewandelt. Bei manchen Frauen sinkt die Fähigkeit dieser Umwandlung mit steigendem Alter, weswegen Galaktose in ihrem Blut zu finden ist. Dies ist schädlich für die unbefruchteten, sich noch entwickelten Eizellen. Bei idiopathischer oder sekundärer Sterilität wird empfohlen nach der Anwesenheit von Galaktose im Blut zu testen. Wieder widerspricht die Studie von Chavarro et al. (2007) diesen Erkenntnissen, da sie keinen Zusammenhang zwischen der Laktoseaufnahme und Fertilitätsstörungen bei den 18555 Probandinnen feststellen konnte. (Chavarro 2007, S.1346; Shannon 2001, S.72f)

5.2.2 Eisen

Hinsichtlich der Eisenversorgung ist generell auf menstruierende Frauen ein besonderes Augenmerk zu legen. Da diese Personengruppe die durch die Monatsblutung bedingten zusätzlichen Eisenverluste – etwa 15 g pro Monat – kompensieren muss, sind die entsprechenden Empfehlungen auch höher als für Männer. In den Erhebungen des österreichischen Ernährungsberichtes 2003 zeigten sich gerade bei dieser Personengruppe niedrige Eisenaufnahmen. Demnach muss davon ausgegangen werden, dass bei einem Großteil der Frauen im gebärfähigen Alter der physiologisch bedingt erhöhte Bedarf an Eisen nicht gedeckt wird. Ein Eisenmangel ist immer eine schlechte Ausgangssituation für eine Schwangerschaft. Problematisch kann dies insbesondere bei zwei rasch aufeinander folgenden Schwangerschaften werden. Das Eisen im Körper transportiert Sauerstoff, weswegen ein Eisenmangel zu Anämie führt. Eine Anämie wiederum beeinträchtigt die Eierstockfunktion und kann bis zum Ausbleiben des Eisprungs führen. Weiters brauchen viele Enzyme Eisen, um Körperfunktionen physiologisch steuern zu können. Ein Eisenmangel führt außerdem zu einer vermehrten Einlagerung von Kadmium – einem Umweltgift, welches vor allem durch

Zigarettenrauch aufgenommen wird und das sich schädlich auf die Fertilität auswirkt. (König 1998, S.162; Österreichischer Ernährungsbericht 2003, S.56; Rösch 2004, S.25)

Eisenreiche Lebensmittel sind in erster Linie Fleisch, aber auch Hülsenfrüchte, grüne Gemüsesorten und einige andere pflanzliche Lebensmittel. Es gilt allerdings zu beachten, dass pflanzliches Eisen im Darm zu einem geringeren Anteil resorbiert werden kann als tierisches Eisen. Durch gleichzeitige Zufuhr von Vitamin C kann die Aufnahme von Eisen aus der Nahrung verbessert werden, während Getränke wie Schwarztee oder Kaffee diese verringern. Bei einem gänzlichen Verzicht auf Fleisch ist eine ausreichende Eisenversorgung bei bestimmten Bevölkerungsgruppen, wie zum Beispiel jungen Frauen, dennoch problematisch. In einigen Fällen kann auch eine Supplementation notwendig sein. Diese ist jedoch sorgfältig abzuwägen, da sie auch Nachteile mit sich bringen kann. Eine zu hohe Eisenzufuhr kann zum Beispiel die Resorption von Zink beeinträchtigen und mit Wachstumsverzögerungen einhergehen. Außerdem können Eisenpräparate die ohnehin in der Schwangerschaft häufige Darmträgheit verstärken und zu Verstopfung führen. Auch Frauen, die unter Übelkeit leiden, vertragen diese Präparate unter Umständen schlecht. (Hanreich 2006, S.38; Österreichischer Ernährungsbericht 2003, S.239; Rösch 2004, S.49)

5.2.3 Jod

Bei Jod zeigte sich eine deutlich zu geringe Aufnahme durch Lebensmittel und das in Österreichs Haushalten übliche jodierte Salz. Bei Frauen ergaben sich generell besonders geringe Aufnahmemengen. Dies hängt zum Teil damit zusammen, dass signifikant weniger Frauen – nämlich nur 13 Prozent – regelmäßig ihre Speisen nachsalzen als Männer, die etwa doppelt so häufig nachsalzen. Alter, Bildungsgrad und BMI haben keinen ersichtlichen Einfluss auf dieses Verhalten. Die Zubereitung von Lebensmitteln im Haushalt und das individuelle Nachsalzen bei Tisch tragen jedoch lediglich zu etwa 16 Prozent zur Gesamtsalzaufnahme bei. Nach Schätzungen stammt der größte Anteil der Natriumchloridaufnahme – nämlich 70 Prozent – aus dem Verzehr von industriell be- und verarbeiteten Lebensmitteln. Bei der industriellen Herstellung von Lebensmitteln wird in den seltensten Fällen mit Jodsalz gewürzt. Laut österreichischem Ernährungsbericht 2003 wäre eine breitere Verwendung von jodiertem Speisesalz bei der Herstellung von Lebensmitteln – insbesondere bei Brot und Gebäck – wünschenswert. Da Brot etwa 1,3 g Kochsalz pro 100 g enthält, könnte so die Jodversorgung in Österreich entscheidend verbessert werden. Frauen, die salzarm essen und ihren Bedarf an Jod nicht decken können, können diesen Mangel aber auch durch die Einnahme von Algentabletten ausgleichen. (König 1998, S.164; Österreichischer Ernährungsbericht 2003, S.55, 222)

Jod ist der Grundbaustein für die zwei Schilddrüsenhormone Thyroxin und Trijodthyroxin. Wenn das Gleichgewicht dieser Hormone nicht stimmt, wird der Haushalt der Sexualhormone gestört. Fehlt Jod, kommt es zu einer Unterfunktion der Schilddrüse, wodurch ein Östrogen- und Progesteronmangel entstehen kann. Ein Mangel an Jod kann weiters auch zu einer Endometriose führen. Eine leichte Unterfunktion der Schilddrüse dürfte häufiger vorkommen, als dies mittels Bluttest diagnostiziert wird. Der von Shannon zitierte Arzt, Dr. Barnes, behauptet in seinem Buch *Hypothyroidism: The Unsuspected Illness,* dass die morgendliche Körpertemperatur hierzu ein besseres Ergebnis liefere. Frauen, die nur aufgrund der Diagnose einer erniedrigten Körpertemperatur hinsichtlich eines Hypothyreoidismus behandelt werden, können laut Dr. Barnes ihre Fertilität dadurch verbessern. (Hanreich 2006, S.39; König 1998, S.163f; Shannon 2001, S.61f)

5.2.4 Magnesium

Die durchschnittliche Magnesiumzufuhr lag zwar im Bereich der Empfehlungen, dennoch wäre eine Verbesserung der Aufnahme laut österreichischen Ernährungsbericht 2003 wünschenswert. Besonders nach dem Absetzen von hormonellen Verhütungsmitteln ist der Magnesiumbedarf erhöht. Magnesium ist wichtig für die Produktion der Steroidhormone. Der Östrogen- und Progesterongehalt wird somit maßgeblich durch den Magnesiumanteil im Körper beeinflusst. Auch für den Vitamin B6-Stoffwechsel und das hormonelle Gleichgewicht im Allgemeinen ist dieser Mineralstoff wichtig, da er über 300 Enzyme im Stoffwechsel aktiviert. Magnesium wirkt sich des Weiteren positiv auf die bereits erwähnte Prolaktinproblematik aus (siehe Kapitel 3.2.1). Es ist gemeinsam mit Vitamin B6 notwendig für die Synthese von Dopamin, welches die Prolaktinsekretion unterdrückt. Magnesium wird außerdem benötigt, um Linolsäure in Prostaglandin E1 umzuwandeln, welches die erhöhte Insulinsekretion nach Zuckerkonsum absenkt. (siehe Kapitel 3.2.1). Wichtig hierfür ist auch das Verhältnis von Calcium zu Magnesium. Es wurde beobachtet, dass mit Sinken dieses Verhältnisses auch die Insulinausschüttung gesenkt wurde. Der Arzt Dr. Abraham empfiehlt ein Verhältnis von Calcium zu Magnesium von 1:2, wohingegen Ernährungsberater ein

Verhältnis von 2:1 oder 3:1 empfehlen. (Feingold 2000, S.106; König 1998, S.144, 167 Shannon 2001, S.49ff, 67)

Conclusio

Die Fertilität der Frau wird maßgeblich durch die Ernährung beeinflusst. Obwohl eine diätetische Behandlung von Patientinnen mit Kinderwunsch in Österreich noch sehr selten ist, zeigte die Erhebung des österreichischen Ernährungsberichtes 2003, dass diejenigen Frauen die schwanger geworden sind, im Allgemeinen mehr auf eine ausgewogene Ernährung achteten, als der Rest der erwachsenen Österreicher. Dies bestätigten auch einige Vergleiche hinsichtlich der Lebensmittelzufuhr. Sowohl beim Konsum von Fleisch und Wurstwaren, als auch beim Konsum von Obst und Gemüse, kamen Schwangere von allen untersuchten Bevölkerungsgruppen den Empfehlungen am nächsten.

Auch zahlreiche Studien konnten belegen, dass eine Einbeziehung der Ernährung in die medizinische Sterilitätsbehandlung von großer Wirksamkeit ist. In vielen Fällen kann eine Ernährungstherapie eine aufwendige gynäkologische Behandlung sogar überflüssig machen.

Für die diätologische Praxis ergeben sich aus der vorliegenden Arbeit folgende Zielsetzungen für eine ernährungsmedizinische Beratung von Kinderwunschpatientinnen:

Erreichung einer ausgeglichenen Energiebilanz

Sowohl Über- als auch Untergewicht wirken sich negativ auf die Fertilität aus. Verbesserungen der Reproduktionsfähigkeit zeigen sich aufgrund des positiven Einflusses der ausgeglichenen Energiebilanz schon vor dem Erreichen des Idealgewichtes.

Erreichung eines ausreichenden Körperfettanteils

Ein Körperfettanteil von etwa 17 bis 22 Prozent ist für die Fertilität notwendig.

Reduktion oder Einstellung des Koffein- und Kaffeekonsums

Viele Studien belegen den negativen Einfluss von übermäßigem Koffeinkonsum auf die Reproduktionsfähigkeit. Es gibt jedoch auch einige Erkenntnisse, die bereits bei geringer Koffeinaufnahme eine verringerte Fertilität feststellten. Selbst bei Konsum von koffeinfreiem Kaffee ließen sich Veränderungen der Fruchtbarkeit feststellen, weswegen eventuell auch andere Inhaltsstoffe des Kaffees von Bedeutung sind.

Einstellung des Alkoholkonsums

Der negative Einfluss von übermäßigem Alkoholkonsum auf die Fruchtbarkeit ist erwiesen. Die Wirkung von geringerer Alkoholaufnahme auf die Fertilität ist umstritten. Da jedoch schon geringe Mengen Alkohol das Ungeborene schädigen können, sollte bereits bei Beginn des ungeschützten Geschlechtsverkehrs kein Alkohol konsumiert werden.

Bedarfsdeckung an Mikronährstoffen

Im komplexen Organismus des Menschen hat jeder Nährstoff – auch jeder Mikronährstoff – in bestimmter Weise Einfluss auf die Reproduktionsfähigkeit. Frauen sollten folglich hinsichtlich individueller Mängel an Vitaminen und Mineralstoffen untersucht und bei Bedarf behandelt werden.

Besonders häufig finden sich bei Österreichs Frauen im gebärfähigen Alter Mängel an Folsäure, Vitamin D, Calcium, Eisen, Jod und Magnesium. Auch die Antioxidanzien Vitamin A und Vitamin E werden teilweise in zu geringem Ausmaß zugeführt.

Viele Mängel lassen sich durch eine Optimierung der Ernährung bereits ausgleichen. In manchen Fällen könnte eine ärztlich verordnete Supplementation nötig sein. Auf jeden Fall sollte Folsäure supplementiert werden.

Obwohl in der vorliegenden Arbeit nicht bearbeitet, könnten auch Schadstoffe in Lebensmitteln Einfluss auf die Fruchtbarkeit haben und eventuell die Bevorzugung von biologisch angebauten Produkten suggerieren. Ausführliche Literaturrecherche in diese Richtung wäre für derartige Feststellungen jedoch von Nöten.

Literaturverzeichnis

Bücher

Biesalski H. K., **Grimm** P.: Taschenatlas der Ernährung, Georg Thieme Verlag, 3. Auflage, Stuttgart 2004

Croon M.: Schwanger werden, TRIAS Verlag, Stuttgart 2005

Feingold D. S., **Gorden** D.: Getting Pregnant the Natural Way, John Wiley & Sons, Inc., New York 2001

Gerhard I., **Wolfrum** C.: Kinderwunsch. Natürliche Wege zum Baby, Gräfe und Unzer Verlag GmbH, 4. Auflage, München 2001

Groll J., **Groll** L.: Fertility Foods. Optimize Ovulation and Conception Through Food Choices, Simon & Schuster Inc., New York 2006

Hanreich I.: Essen und Trinken. Kinderwunsch, Schwangerschaft und Stillzeit, Verlag I. Hanreich, Wien 2006

Keck C.: Diagnostik und Therapie des unerfüllten Kinderwunsches, UNI-MED Verlag AG, Bremen 2002

König U.: Das große Buch der Fruchtbarkeit. Fit für ein Baby, Buchgemeinschaft Bertelsmann Club GmbH u.a., Altenburg 1998

Körner U., **Rösch** R.: Ernährungsberatung in Schwangerschaft und Stillzeit, Hippokrates Verlag in MVS Medizinverlag Stuttgart GmbH & Co. KG, Stuttgart 2004

Kuchling I.: Der unerfüllte Kinderwunsch, LexisNexis Verlag, Wien 2002

Ludwig M.: Kinderwunschsprechstunde, Springer Medizin Verlag, Heidelberg 2005

Lyttleton J.: Fertilitätsstörungen behandeln mit chinesischer Medizin, Elsevier GmbH, München 2008

Schirren C., **Anselm** R. et al.: Unerfüllter Kinderwunsch. Leitfaden Reproduktionsmedizin für die Praxis, 3. Auflage, Deutscher Ärzte-Verlag GmbH, Köln 2003

Shannon M. M.: Fertility, Cycles and Nutrition. Can what you eat affect your menstrual cycles and your fertility?, published by The Couple to Couple League, 3. Auflage, Cincinnati 2001

Stauber M., **Weyerstahl** T.: Duale Reihe. Gynäkologie und Geburtshilfe, 3. Auflage, Georg Thieme Verlag KG, Stuttgart 2007

Thöne C., **Rabe** T.: Wir wollen ein Kind. Unfruchtbarkeit: Ursachen und Behandlung, 2. Auflage, Deutscher Taschenbuch Verlag GmbH & Co. KG, München 1999

West Z.: Kinderwunsch. Fruchtbarkeit, natürliche Empfängnis und medizinische Möglichkeiten, Dorling Kindersley Verlag GmbH, Starnberg 2004

Wischmann T., **Stammer** H.: Der Traum vom eigenen Kind. Psychologische Hilfen bei unerfülltem Kinderwunsch, Verlag W. Kohlhammer, 2. Auflage, Stuttgart 2003

Artikel, Studien, sonstige Publikationen

Bolùmar F., **Olsen** J. et al. and the **European Study Group on Infertility and Subfecundity**: Caffeine Intake and Delayed Conception: A European Multicenter Study on Infertility and Subfecundity, in: American Journal of Epidemiology, Vol. 145, No. 4, 1997, S. 324-334

Bradley K. A., **Badrinath** S. et al.: Medical Risks for Women Who Drink Alcohol, in: Journal of General Internal Medicine Subscribers, Vol. 13, 1998, S. 627-639

Chavarro J. E., **Rich-Edwards** J. W. et al.: Diatery fatty acid intakes and the risk of ovulatory infertility, in: American Journal of Clinical Nutrition, Vol. 22, Februar 2007, S. 231-237

Chavarro J. E., **Rich-Edwards** J. W. et al.: Diet and Lifestyle in the Prevention of Ovulatory Disorder Infertility, in: Obstetrics & Gynecology, Vol. 110 (5), November 2007, S. 1050-1058

Ebisch I. M. W., **Thomas** C. M. G. et al.: The importance of folate, zinc and antioxidants in the pathogenesis and prevention of subfertility, in: Human Reproduction Update, Vol. 13, November 2007, S. 163-174

Elmadfa I., **Freisling** H., **König** J., et al.: Österreichischer Ernährungsbericht 2003, 1. Auflage, Wien 2003

Forges T., **Monnier-Barbarino** P. et al.: Impact of folate and homocysteine metabolsim on human reproductive health, in: Human Reproduction Update, Vol. 13, Februar 2007, S. 225-238

Grodstein F., **Goldman** M. B. et al.: Infertility in Women and Moderate Alcohol Use, in: American Journal of Public Health, Vol. 84, Nr. 9, 1994, S. 1429-1432

Haggarty P., **McCallum** H. et al.: Effect of B vitamins and genetics on success of in-vitro fertilisation: prospective cohort study, in: The Lancet, Vol. 367, Mai 2006, S. 1513-1519

Jans-Ruggli S., **Baerlocher** K.: Kenntnisse über Folsäure und Folsäurestatus bei Müttern, in: Fünfter Schweizerischer Ernährungsbericht, Bundesamt für Gesundheit, Bern 2005, S.71-85

Kern R., **Hofstätter** G. et al. im Auftrag des Bundesministeriums für Gesundheit, Familie und Jugend: IVF-Register Jahresbericht 2007, Gesundheit Österreich GmbH/Geschäftsbereich ÖBIG, Wien 2008

Kold Jensen T., **Hjollung** N. H. I. et al.: Does moderate alcohol consumption affect fertility? Follow up study among couples planning first pregnancy, in: www.bmj.com, Vol. 317, August 1998, S. 505-510

Mircea C. N., **Lujan** M. E. et al.: Metabolic Fuel and Clinical Implications for Female Reproduction, in: Journal of Obstetrics and Gynaecology Canada, November 2007, S.887-902

Nelson S. M., **Fleming** R. F.: The preconceptual contraception paradigm: obesity and infertility, in: Human Reproduction, Vol. 22, Nr. 4, 2007, S. 912-915

Parazzini F., **Chatenoud** L. et al.: Alcohol consumption is not related to fertility in Italien women, in: www.bmj.com, Vol. 318, Februar 1999, S. 397

Prat E. H., **Radner** K., et al. : Imabe-Info. Themenreihe des Instituts für Medizinische Antrhopologie und Bioethik, Nr. 2, Wien 2006

Public Affairs Committee of the Teratology Society: Teratology Public Affairs Committee Position Paper: Maternal Obesity and Pregnancy, in: Birth Defect Research (Part A): Clinical and Molecular Teratology 76, 2006, S. 73-77

Ruder E. H., **Hartman** T. J. et al.: Oxidative stress and antioxidants: exposure and impact on female fertility, in: Human Reproduction Update, Vol. 14, Nr. 4, Juni 2008, S. 345-357

Sharpe R. M., **Franks** S.: Environment, lifestyle and infertility – an inter-generational issue, in: Nature Cell Biology & Nature Medicine, Supplement 2002, S.33-40

Spitzer D.: Begriffsbestimmung und Pathogenese: Sterilität – Infertilität, in: Journal für Fertilität und Reproduktion, Nr. 5 – Ausgabe für Österreich, 2001, S.37-39

The ESHRE Capri Workshop Group: Nutrition and reproduction in women, in: Human Reproduction Update, Vol. 12, Nr. 3, Jänner 2006, S. 193-207

Wade G. N., **Jones** J. E.: Neuroendocrinology of nutritional infertility, in: The American Journal of Physiology – Regulatory, Integrative and Comparative Physiology, Vol. 287, Dezember 2004, S. R1277-R1296

Wathes D. C., **Abayasekara** D. R. E. et al.: Polyunsaturated Fatty Acids in Male and Female Reproduction, in: Biology of Reproduction, Vol. 77, April 2007, S. 190-201

Internetseiten

URL 1

Zech H.: Kann man den Fertilitätsgrad ausdrücken? FAQ des Instituts für Reproduktionsmedizin und Endokrinologie Univ. Prof. Dr. Zach, Bregenz 2008
http://www.ivf.at/FragenFAQ/FertilitaetFruchtbarkeit/tabid/223/language/de-DE/Default.aspx
(23.04.09, 20:00)

URL 2

STATISTIK AUSTRIA: Gesundheitsbefragung 2006/07. Body-Mass-Index (BMI) nach WHO-Definition 1998, erstellt am 18. Juli 2008
http://www.statistik.at/web_de/static/body-mass-index_bmi_200607_032164.xls
(23.04.09, 21:00)

URL 3

Gahl A., **Graubner** S.: Kaffee bzw. Koffein und Schwangerschaftsrisiken, in: DGE-Info Nr. 10, Bonn 2007
http://www.dge.de/modules.php?name=News&file=article&sid=788
(23.04.09, 21:00)

URL 4

Abbildung Ernährungspyramide

http://www.butter.ch/typo3temp/pics/4e1f0ae3d6.jpg

(19.03.09, 19:00)

URL 5

Bundesministerium für Gesundheit und Frauen (Einbringendes Ressort): Bundesgesetz über die Anreicherung von Mehl mit Folsäure und Vitamin B12 (Folsäuregesetz). Entwurf, Wien 2006

http://www.parlament.gv.at/PG/DE/XXII/ME/ME_00418/imfname_069973.pdf

(22.04.2009, 20:00)